THE GENE MAKEOVER

유전자 변신

21세기 DNA 과학이 이룬 항노화 혁명

수명증가와 최상의 건강수명을 위한 3가지

빈센트 지암파파 외 지음 | 정명일 옮김

신아사

THE GENE MAKEOVER
유전자 변신

차례

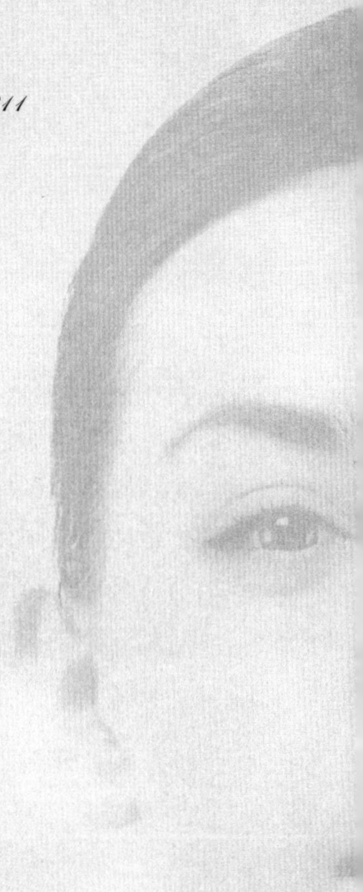

THE GENE MAKEOVER
유전자 변신

프롤로그

살기에 가장 신나는 시대는 언제일까? 이것은 내가 어렸을 때 한 아이로서 던졌던 질문이다. 그 당시 난, 레오나르도 다빈치, 미켈란젤로, 갈릴레오가 함께 했던 중세 이탈리아 르네상스라고 생각했다. 왜냐하면 이들 천재들의 정신은 인간의 잠재력에 대한 새로운 아이디어들로 가득했고 그리하여 세상과 주변 환경을 새롭게 조망하는 혁신적인 방식을 인류에게 제공했기 때문이다.

십 년 전쯤에, 비전에 찬 소수의 과학자들이 시카고에서 모임을 가졌다. 이 그룹의 과학자들은 현재 가치 있는 과학지식이 충분히 축적되어 있기 때문에 이제 인류는 최소한 어느 정도로는 노화 과정을 지연시킬 수 있으며 또한 보다 더 건강하게 더 오래 살 수 있다고 믿고 있었다. 이러한 믿음은 그 시대의 통념에 반하는 혁명과도 같은 것이었다. 이러한 대망의 목적을 가지고 미국 항노화의학회The American Academy of Anti-Aging Medicine(A4M)가 설립되었다. 현재 이 단체는 건강한 장수에 대한 신뢰할 만한 최신 정보를 일반 대중에게 전달하는 그룹으로서는 세계에서 가장 큰 조직이다.

나는 이 단체의 설립자 중의 한 사람으로서 또한 항노화의학회 미국위원회The American Board of Anti-Aging Medicine의 초대 회장으로서, 누구나 원하기만 하면 이용할 수 있는 노화 과정 개선에 대한 결정적인 핵심 정보를 우리가 소유하고 있음을 그 당시에 직감했고 현재는 그 느낌이 더욱 확고해졌다.

이런 성취를 이루기까지 난 어렵지만 보람 있는 여정을 걸어왔다. 성형외과 의사로 훈련받은 나는 노화 과정의 원인이 무엇인지에 대해 항상 심취되어 있었다. 아름다운 얼굴이 주름진 늙은 얼굴로 변해가는 것을 지켜보면서, 가장 근원적인 세포수준에서 어떤 일이 일어나는지 궁금했다. 난 성형외과 의사이기 때문에 노화의 상징을 되돌리기 위해 사용되는 최첨단 수술과정 및 기법에 매우 능숙한 사람이다. 그럼에도 불구하고 우리가 실질적으로 하고 있는 일에 대해 회의가 들곤 했다. 우리는 노화의 원인에 초점을 맞추고 있는 것이 아니라 단순히 노화의 표시를 감추고 덮어버리는 속임술사들에 불과했다. 우리는 노화 과정 자체의 근본 원인을 건드리지 않고 있었다.

그러나 지난 15년 넘게, 최신 연구들과 인간게놈프로젝트the Human Genome Project로부터 얻은 경이로운 지식을 바탕으로, 드디어 우리는 노화 과정의 본질을 이해하기 시작했다. 이 정보를 사용한다면 누구나 보다 더 건강하게 최적의 상태로 노화 과정을 밟을 수 있음을 우리는 알게 되었다. 이제 우리 각자는 자신의 건강과 수명을 조절할 수 있고 또한 그래야만 하기 때문에, 최적의 노화 과정에 대한 이 새로운 정보를 필연적으로 사용해야만 한다.

노화의 비밀은 세포 내 DNA에 있음을 이제 우리는 안다. 한 사람의 몸을 구성하는 100조개 세포 각각에는 약 2미터의 DNA가 포함되어 있다. 건강한 노화의 비밀은 우리를 인간 존재로 규정하는 이 수천억 킬로미터의 DNA 속에 있다. 따라서 노화를 지연시키기 위한 최상의 방법은 **세포 하나**의 건강을 높일 수 있는 방식으로 여겨지며 바로 여기에 장수의 비밀이 있다. 즉 **세포 하나의 노화 과정을 조절할 수 있다면 인간 몸을 구성하는 100조 개 세포의 노화도 조절하는 것이 가능해진다.**

그러나 먼저 다수의 질문에 대한 답을 얻어야 했다. 우리 각각은 독특하며 각기 다른 DNA를 가지고 있는데 어떻게 이것이 현실적으로 가능할까? 대부분의 우리보다 건강하게 장수를 누린 인간그룹이 역사상 정말로 존재했는가? 동료와 함께 이 과정을 탐구하면서 답이 나오기 시작했다. 또한 우리가 발견한 건강하게 장수를 누린 사람들은 어떤 점이 다른지 그들 DNA는 무엇이 다른지에 대해서도 탐구하기 시작했다. 그들에게 독특한 DNA는 그들의 생활 방식과 식사 패턴에 어떻게 반응했는지? 동물과 사람을 더 오래 살게 할 수 있다는 과학적 증거는 실재하는지? 실제 효능이 있는 항노화 약이나 보충제가 존재하는지? 이 모든 질문들에 대한 답들이 해를 거듭하면서 서서히 자연스럽게 드러나기 시작했다.

보다 중요한 것은, 이들 정보를 어떻게 적용할 것이며 어떻게 세계에 전하여 세상사람 모두가 더 오래 더 건강한 삶을 누리게 할 것인가? 이 책 『**유전자 변신**the Gene Makeover』은 바로 이들 정보에 관한 것이다. 일단 부모로부터 물려받은 유전자 상태를 알게 되면 우리는 유전자 발현에 영향을 주는 조치를 취하여 유전자들이 보다 효율적으로 작동하게 할 수 있다. 그렇다. 우리는 바로 지금 이 순간도 우리 자신을 유전학적으로 향상시킬 수 있다.

이 책을 읽어가면서, 당신은 이 경이로운 과업을 어떻게 이룰 수 있는지 배우게 될 것이다. 당신이 물려받은 유전자 그룹 중 어떤 것이 그 신비로운 노화 과정 조절에 효율적으로 또는 비효율적으로 참여하고 있는지 알 수 있을 것이다. 그리고 내가 창안한 맞춤 유전자 건강 접근법Personal Genetic Health Approach을 통하여, 당신은 건강 수명－높은 수준의 건강으로 즐기며 사는 기간－이 어떻게 영향 받을지 그리고 가능한 가장 오래 가장 건강한 삶을 살기 위해 무엇을 해야 할 지 배우게 될 것이다.

역사상 진정 최초로 인류는 스스로 노화 과정을 조절하여 더 오래 더 건강한 삶을 살 수 있는 파워를 갖게 되었다. 이것을 달성하기 위해 당신이 해야 할 유일한 일은 이 책에 있는 정보를 실생활에 적용하는 것이다.

이 모든 것들을 알게 되면서 난 지금이 역사상 살기에 가장 신나는 시대라고 생각하게 되었다. 실제, 지금으로부터 몇 세기 후에는 인간이 유전자의 희생자이기보다는 최초로 그들 운명의 주인이 된 지금 시기를 **의학의 진정한 르네상스**라고 회고할 것이다.

난 진보된 건강과 더 오랜 삶으로 가는 이 멋진 새로운 여행에 당신도 함께 할 것을 초대한다.

당신의 건강과 장수를 위하여,

빈센트 지암파파 | 의학박사, 미국외과의사협회 정회원

Vincent Giampapa, M.D./ F. A. C. S.

옮긴이 말

내가 처음으로 실험실에서 대장균 DNA를 분리하여 눈으로 확인하였을 때의 느낌은 신기함 자체였다. 교과서를 통해 지식적으로만 접하던 DNA는 전혀 생동감이 없었지만, 내 눈으로 확인하면서 실질적으로 다루게 되었을 때의 DNA는 살아 움직이면서 나와 대화하는 대상이 되었다.

대다수 일반 대중들에게는 아직도 DNA는 생소하고 각 개인의 삶과는 거리가 먼 범죄과학, 친자확인, 한우검사 등 특수 분야에서만 접근 가능한 대상으로 인식되고 있다. 그러나 DNA관련 학문과 기술이 급속도로 발전하면서, 이제는 DNA 과학이 각 개인의 삶과 건강개선에 긍정적으로 적용될 시점이 되었음을 피부로 느끼고 있다. 미국에서는 이미 현대인들의 주 건강문제인 비만, 알츠하이머 질환 등과 관련된 유전자 변이형 분석 서비스를 상업적으로 제공해 주는 회사들이 10여개 이상에 달하고 있다. 10년 전만 해도 한사람의 유전체(한 생물이 가지는 모든 유전 정보) 분석을 위해서는 억달러 규모의 거대 비용이 들었지만 기술의 획기적 발달로 현재는 35만 달러로 유전체 분석서비스를 제공하는 상업적 회사도 있을 정도이다. 향후 5년 이내에는 한화 100만원 정도에서 한 개인의 유전체 정보 분석이 가능해질 것으로 전망되고 있다. 대부분의 일반인들이 혈중 콜레스테롤 수치와 혈압수치를 건강척도로 검사하고 있는 것처럼, 머지않아 유전체 분석은 한 개인의 삶에 필수 검사항목으로 자리매김 할 것이라는 생각이 든다.

DNA란 과연 무엇인가? 1953년 왓슨James Watson과 크릭Francis Crick에 의해 밝혀진 이중나선구조의 세포 핵 내 유전물질이라는 구조적 측면 외에 기능적으로는 어떤 의미가 있을까?

모든 생명체는 DNA를 함유하고 있고 모든 생명현상에 대한 정보는 DNA내에 저장되어 있다. 번식과정을 통해 후손에게 자산으로 물려주는 것도 바로 이 DNA이다. 생명현상의 정보를 담고 있을 뿐만 아니라 고유의 주파수로 진동하면서 외부 대상과 교류하는 주체도 DNA라고 일부 각자覺者들은 말하고 있다.

리처드 도킨스의 책 『이기적 유전자*The Selfish Gene*』에서 언급된 것처럼 한 유기체는 유전자(DNA)를 나르는 체體로서의 일시적 수단이며 영원한 실질적 주체는 유전자라는, 유전자 결정론적 생명관이 있다. 닭은 더 많은 계란(유전자)를 퍼뜨리기 위한 수단 그 이상은 아니라는 것이다. 그렇다면 한 인간의 삶도 DNA에 저장된 프로그램대로 유전자를 보존하고 번식시키기 위한 로봇 기계로서 생·노·병·사를 맞이하는 피동적 존재로서의 가치만 있을까? 그러나, 최근 들어 DNA제일주의에서 환경제일주의로 인식의 패러다임이 바뀌고 있다. 즉 정보의 흐름은 DNA에서가 아니라 환경에서부터 시작된다는 것이 새로운 인식이다. 그렇다면 DNA에 저장된 프로그램에 따라 수동적으로 펼쳐지는 것이 인간의 숙명이 아니라 DNA에 저장된 정보의 실행 방향을 주도하는 주체로서의 삶, 즉 DNA를 도구삼아 삶을 경험하고 즐기고 조절하는 주인으로서의 적극적 삶이 실제 인간 삶의 목적일 것이다. 지금까지 인류는 주인으로서의 권한을 망각한 채 주객이 뒤바뀐 삶을 살아온 것인지도 모른다.

이 책의 저자인 지암파파 박사는 DNA 과학을 이용함으로써 주인으로서의 권한을 회복할 수 있는 구체적인 실천방안을 제시하고 있다. 지피지기면 백전백승인 것처럼, 내가 조상으로부터 물려받은 DNA을 분석하고 DNA 분석결과에 의해 밝혀진 비효율적인 특정 기능을 보완할 수 있다면, 유전적 운명에서 벗어날 수 있다는 것이다. 엄마, 외할머니, 외삼촌, 이모가 위암으로 모두 70세 이전에 돌아가셨지만 난 위암 걸리지 않고 그 이상을 살 수 있다는 것이다. 마찬가지로 할아버지, 아버지, 삼촌이 고혈압과 당뇨로 40-50세부터 고생했지만 난 70세에도 약물 도움 없이 이팔청춘으로 살 수 있다는 것이다.

DNA 정보를 손상시키지 않고 잘 관리하는 것 또한 주인으로서 회피하지 말아야 할 책무임도 저자는 강조하고 있다. 적절한 식습관, 운동, 전통적으로 계승되어온 각종 심신요법들을 일상생활속의 습관으로 자리 잡게 하는 것이 DNA 정보관리의 핵심이 된다. 다양한 새로운 건강문제가 부각되고 있는 요즈음 각종 단일 요법들이 쏟아져 나오고 있다. 과거의 인류를 위협했던 세균감염성 급성질환들은 하나의 알약으로 단기간에 해결되었지만 지금 우리가 직면하고 있는 건강문제들은 그러한 부류가 아니다. 복합적인 원인들이 장기간에 걸쳐 상대가 인식하지 못하게 서서히 잠입하여 공격하는 게릴라 같은 강적들이며 해결책 또한 각개전투가 아니라 통합적 견지에서 체계적인 전술을 가지고 접근해야 하는 것들이다. 일시적 호전반응을 주는 많은 단일 요법들이 있지만 그것을 평생의 건강관리법으로 삼을 수는 없다. 현 건강문제들의 진행과정이 그러하듯이 해결책 또한 한탕주의를 벗어나 느림의 미학을 실천하는 통합적이고 장기적인 전략이 요구되는 시점이다. 세상의 한편에서는, 줄기세포, 유전체학Genomics, 전사체학Transcriptomics, 단백질체학Proteomics, 대사체학Metablomics, 영양 유전체학Nutrigenomics, 유전자치료라는 다양한 첨단과학을 이용하여 인간의 건강과 삶에 도움이 될 새로운 기술과 재료를 개발하고 있고, 다른 편의 세상에서는 자연 친화적인 새로운 삶의 방식을 확립해나가고 있다. 두 분야의 결과물 모두 인류의 소중한 자산으로서 통합적으로 이용한다면 궁극적으로는 70-80세의 현 평균수명을 넘어 100세 동안童顏도 현실화시킬 수 있지 않을까 싶다.

내가 그랬던 것처럼, 많은 사람들에게도 DNA가 더 이상은 피상적인 영어 알파벳으로서의 존재가 아니라 각 개인의 건강과 삶을 개선시키는 살아있는 도구로서 함께 대화하는 대상이 되기를 바라는 마음으로 이 책을 번역하였다.

이 책에서 소개하는 맞춤 유전자 건강법이 100세 동안을 달성하는 궁극의 완성법은 물론 아니다. 그러나 현 시점에서는 노화지연과 건강수명을 향상시키는 가장 과학적이면서 통합적이고 체계적인 건강관리법이라 여겨지며 오랜 세월 항노화 의학에 몸담고 심혈을 기울여온 의료진의 전문성과 열정이 녹아있는 것으로 보여 진다. 그동안 살아온 것처럼 손 놓고 피동적으로 산다면 향후 전개될 본격적인 항노화 과학과 기술의 혜택을 누릴 기회를 영영 잃어버릴 지도 모른다. 이 책에서 소개하는 항노화 건강법은 삶의 질적 개선과 미래 준비측면에서 큰 도움이 될 것이다.

진료와 연구에 바쁘신 와중에도 번역에 기꺼이 동참해주신 이기호, 박혜순 두 분 교수님께 진심으로 감사함을 전하며, 교정에 많은 시간을 할애한 건세바이오텍의 윤우정 선생님, 도서출판 신아사의 정현걸 사장님 및 직원 여러분께 고마움을 전한다.

건강한 세상을 꿈꾸며

| 옮긴이 | 정 명 일
myungchung@hanmail.net

1

이제는 노화를 늦출 수 있다 :
우리는 부모와 다른 시대에 살고 있다 !

너무도 많은 이들이 부를 얻기 위해 건강을 소비하고, 건강을 얻기 위해 다시 부를 소비한다.

에. 제이. 레브 매테리 A. J. Reb Materi

젊게 건강하게 오래 살려는 것은 21세기 삶의 한 방식이 되었다. 이로 인해 두 가지 거대산업이 탄생 되었다. 그 중 하나가 비타민 산업으로 매년 300억 달러 이상의 시장을 형성하고 있고, 두 번째가 항노화 산업으로 매년 천억 달러 시장을 형성하고 있다. 이 두 거대 시장은 노년 인구가 증가함에 따라 점점 더 급격히 성장하는 추세이다.

그러나 지속적으로 더 많은 사람들이 건강 관련 제품을 사용하고 있음에도 불구하고, 아직도 이 비타민과 항노화 산업분야에는 확실하게 해결되지 않은 이슈들이 자리하고 있다. 내가 의사로서 경험한 바에 의하면 대부분의 사람들은 아직도 건강 및 영양과 관련하여 아래에 제시된 의문점들을 가지고 있으며 이에 대해 누군가 명확하게 답을 제시해주기를 바라고 있다.

- 난 식사를 잘 하고 있는데, 왜 비타민 보충제를 복용해야만 하나?
- 제대로 먹고, 운동을 하고, 보충제를 복용하면 난 정말로 더 건강하게 더 오래 살 수 있을까?
- 어떤 보충제를, 얼마큼, 언제 복용하는 것이 좋은가?
- 보충제를 많이 복용하면 해롭지 않나?
- 항노화란 도대체 무엇인가? 호르몬 요법인가? 성장호르몬을 사용하는 것인가? 새로운 식이요법, 운동 및 기타 다른 것들을 일상생활에 적용해야 하는 생활습관 교정에 관한 것인가?
- 난, 노화 관련 질환들인 암, 심혈관질환, 당뇨, 알츠하이머병, 골다공증, 우울, 불안, 관절염의 발병 위험률을 낮출 수 있는가?
- 내가 이미 질환을 겪고 있는 중이라면, 질병을 개선해서 더 건강해지고, 질환이 악화되는 것을 막고, 아예 질환 진행 방향을 거꾸로 돌릴 수 있는 현실적인 생활습관 교정 방법이 있는가?

이 책을 쓰는 목적은 위에 제시된 질문을 포함하여 여러 질문들에 답을 제시함으로써 혼란스러움과 궁금증을 확실히 해소시키기 위해서이다. 이제는 누구나 생산적인 건강한 삶을 가능한 더 오래 영위하는 것이 가능해졌다. 이 같은 건강목표를 각 개인이 달성하기 위해 필요한 정보는 최근의 의학계가 이루어낸 수명연장에 대한 발견과 우리 연구팀이 얻은 인간 유전학에 대한 새로운 통찰로부터 이용 가능해졌다. 이들 최근의 과학발달에 의하면 노화관리라는 것은 바로 우리가 물려받은 유전자들의 잠재력을 최적으로 이용하는 것임이 입증되고 있다. 보다 건강하게 더 오래 더 높은 질적 삶을 위한 비밀은 각 세포 내부에 바로 유전자라는 모습으로 숨겨져 있다.

젊음의 샘물은 먹고 마시는 것 속에 있다

역사는 전설로 내려오는 젊음의 샘물을 찾거나, 근대에는 마법의 알약을 찾는 사람들의 이야기로 가득하다. 대부분의 미국 사람들은 폰세데레온Ponce de Leon | 옮긴이주: 스페인의 탐험가 | 이 젊음의 샘물을 찾아 나섰다가 대신 플로리다를 발견하게 된 그 유명한 탐험이야기를 안다. 최근에서야 또 다른 종류의 탐험가들인 과학자들이 수명을 연장시킬 수 있는 발견을 이루어내기 시작했고 이들이 발견한 것은, 폰세데레온이나 과거의 장수 비법 탐험가들이 했던 것처럼 세상을 돌아다닐 필요가 없다는 것이다. 장수 비밀에 대한 중요한 부분은 바로 당신의 부엌에서, 당신이 매일 먹는 식품에서 찾을 수 있다. 그렇다, 가장 설득력 있는 연구에서 결론 내리기를 장수 비밀 중의 하나는 바로 당신이 먹는 음식 속에 있다는 것이다.

노화를 늦추고 건강을 증진시키는 과학으로 입증된 방법: 칼로리 제한

수십 년 동안, 쥐, 침팬지를 비롯한 여러 동물들을 대상으로, 심지어는 박테리아를 대상으로 수명을 연장시킬 방법을 알아내기 위해 많은 연구들이 수행되었다. 의학 학술지와 일반 언론의 초기 헤드라인을 장식했던 기사들의 일부에서는, 이들 초기 연구들이 어떻게 효모, 선충류, 쥐들의 생명을 연장시켰는지에 대해 다루고 있다. 이들 연구를 통하여 발견한 장수의 비밀은 에덴동산에서 전달된 신비한 물약이거나 새로운 약이 아니었다. 장수의 비밀은 바로 음식을 적게 먹는 것이었다.

칼로리를 제한시킨 동물은 더 건강하게 더 오래 산다

오늘날의 연구자들은, 동물에서의 칼로리 제한과 수명 증가와 관련하여 멕케이 박사Dr. C. M. McCay와 메이나드 박사Dr. L. A. Maynard가 1935년 『영양학회지*Journal of Nutrition*』에 발표한 초기 선구적 연구에 공을 돌린다. 그 당시, 그것은 세계 곳곳에서 사람들의 상상력을 사로잡는 혁명적인 아이디어였다. 그들은, 만약 동물의 수명을 증가시킬 수 있다면, 사람의 수명 증가도 바로 과학의 영역 안에 있다고 추론하였다. | 그림 1.1 |

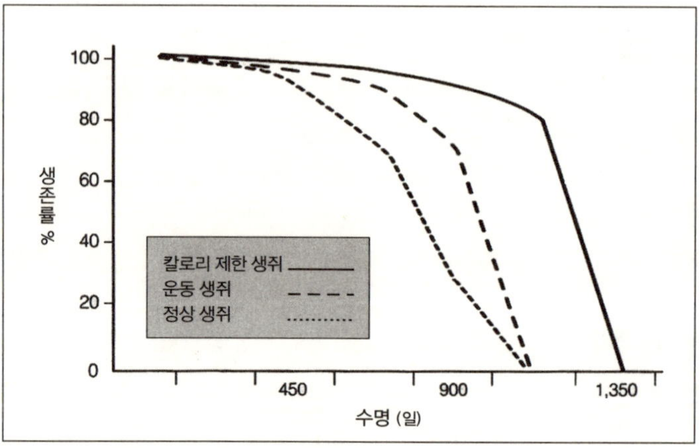

| **그림 1.1.** | 칼로리 제한으로 30~40% 더 오래, 더 건강한 삶을 살 수 있음을 보여주는 연구 결과

산화 스트레스 요인

세계 곳곳의 연구자들은 단세포 미생물부터 무척추 벌레까지, 초파리부터 물고기까지, 쥐부터 원숭이까지, 다양한 종류의 동물을 이용한 실험을 시작하였고 최종 사람을 대상으로 연구하게 되었다. 일단, 칼로리 제한이 수명을 증가시킬 수 있다는 것이 일반적인 인식으로 자리 잡자, 연구자들이 밟은 다음 단계는 그 이유를 알아보는 것이었다. 칼로리 제한의 어떤 점이 동물을 더 오래 살게 하는가? 이 질문과 관련된 수십 년의 연구를 통하여 노화를 늦추고 질병을 감소시키고 수명을 증가시키는 것에 대한 중요한 통찰력이 나오게 되었다. 또한 최대 수명을 경험하기 위해서는 칼로리 섭취를 줄이는 것과 동시에 필수 영양소간의 정확한 균형이 필요하다는 것도 이들 초기 동물 연구를 통해 알게 되었다.

이들 동물 실험으로부터 발견한 장수 요인 중의 하나는 바로 산화 스트레스의 감소였다. 산화 스트레스는 삶의 한 부분이다. 그것은 항상 발생한다. 산화 스트레스의 대부분은 우리가 섭취한 음식이 소화될 때 방출된 화합물들로부터 발생한다. 따라서 칼로리를 적게 섭취하면, 몸 내부에서 발생되는 산화 스트레스는 자동적으로 감소한다.

그러나 사람의 경우, 내부에서 자연적으로 발생하는 산화 스트레스를 감소시키는 것은 부분적 노력일 뿐이다. 오늘날, 우리 몸 외부에 존재하는 화학물질로부터도 다량의 산화 스트레스가 오기 때문에, 우리의 삶은 너무도 많은 산화 스트레스에 노출되어 있으며 우리 몸의 방어 시스템만으로는 해결하기 어려운 상태이다. 이러한 이유로 과학자들은 소위 "항산화제" 활성을 갖는 영양소를 더 많이 섭취하는 것이 산화 스트레스를 줄이는 한 방법일 수 있음을 제안하게 되었다. 실제 최근의 연구들과, 우리 의료팀이 사람들에게 적용해서 얻은 결과를 볼 때 이 견해는 신빙성이 있는 것이다. 이에 대해서는 제 6장에서 상세히 설명하고 있다.

장수의 또 다른 이득 효과

이러한 연구가 발전하면서, 과학자들은 모든 동물들이 공통적으로 가지고 있는 생물학적 기본 기능들과 장수 및 건강 사이의 연관성에 대해 보다 잘 이해하기 시작했다. 과학자들은 이들 중요한 생물학적 기능들을 생물지표biomarkers로 명명하였다. 칼로리 제한에 의해 수명이 증가된 동물에서 볼 수 있는 생물지표 변화에는 체온 감소, 에너지 생산 감소, 인슐린 수준 감소, 인슐린 민감도 및 기능 개선, 체지방 감소, 혈압 감소, 동맥경화 감소, 동맥 막힘 감소, 염증 감소, DHEA dehydroepiandrosterone (일부 동물과 사람에게서 생산되는 호르몬으로서 마스터콘트롤 기능과 젊음 활성화 기능을 갖는 것으로 여겨짐)을 포함한 호르몬의 바람직한 균형 등이 포함된다. 연구가 진전되면서 이들 생물지표들은 우리가 어떻게 생활하느냐에 따라 달라질 수 있음을 알게 되었고 적합한 보충제를 섭취함으로서 건강이 크게 개선될 수 있음도 알게 되었다. 이것에 대해서는 제6장에서 보다 상세히 다루고 있다.

칼로리 제한은 유전자 발현 양상을 조절한다

가장 최근의 동물연구들에 의하면 칼로리를 제한하면 유전자 발현 양상이 젊은 방향으로 달라질 수 있음을 보여주고 있다. 유전자들은 세포내 염색체chromosomes라 불리는 DNA 가닥strands상에 저장되어 있다. 하루 24시간 내내, 염색체 상의 유전자들은, 당신이 생명을 유지하고 기능을 수행하는데 필요한 물질들을 만들기 위해 켜지기도 하고 꺼지기도 한다. | 옮긴이주: 유전자가 켜지는 것을 유전자 발현이라고 함 | 당신의 유전자 발현이 적절할 때, 당신은 건강하다. 유전자 발현이 적절하지 않을 때 당신의 건강은 나빠지고, 수명은 감소되고 노화 관련 질환이 나타나기 시작한다.

이에 대해서는, 다음 장에서 좀 더 상세하게 논의할 것이지만, 이 시작점에서 노화는 몸 전체에 걸친 유전자 발현에서의 변화와 연관되어 있음을 아는 것이 중요하다. 이와 같은 유전자 발현에서의 변화는 노화되면서 발생하는 뇌, 심장, 소화계, 근육 등의 육체적 기능 감소와 연관되어 있다.

다행인 것은 동물 연구에 따르면, 칼로리를 제한하면 노화시 일반적으로 발생하는 육체 기능 감소를 어느 정도는 지연시킬 수 있을 것으로 보여진다. 칼로리 제한에 의한 육체 기능 감소 지연은 단백질 합성이 증가됨으로써 그리고 가장 중요한 DNA를 포함하여 여러 물질들의 손상이 감소됨으로써 발생되는 것으로 생각되고 있다. 이것은 세포 및 조직 손상이 적을수록 세포의 성장, 기능, 복구가 더 좋아지게 됨을 의미하며 오래 건강하게 사는데 절대적으로 중요한 핵심사항이 된다.

사람 대상의 수명 연구

동물 대상의 칼로리 제한 연구가 진행 중일 때, 한편으로는 역학 연구자epidemiologist라 불리는 과학자들이, 삶의 한 방식으로 자연스럽게 칼로리를 제한하며 사는 사람들을 찾아 세계 곳곳을 돌아다니고 있었다. 1990년대에, 이들은 일본 남쪽에 있는 조그만 섬 오키나와에서 그들이 찾고 있는 사람들을 발견할 수 있었다. 오키나와인들은 세계의 다른 곳에 살고 있는 사람들에 비해 더 건강하였고 100세까지 산 사람의 숫자가 더 많았다. 예를 들면 미국인에 비해서 오키나와 고령자들은,

- 인지 능력cognitive ability이 75 % 더 높았다.
- 유방암과 전립선암 발생이 80 % 더 낮았다.
- 난소암과 대장암 발생이 50 % 더 낮았다.
- 고관절 골절율이 50 % 더 낮았다.
- 심장마비 발생비율이 80 % 더 낮았다.
- 미국 남성 평균수명이 78세인 반면, 이들의 평균수명은 87세였다.
- 100세 이상 산 사람의 숫자가 가장 높았다.

오키나와인들이 더 건강하게 더 오래 사는 이유는?

유전이 건강에서 중요한 요소이지만, 연구자들은 오키나와인들의

식사와 생활 방식 때문에 그들이 건강하게 노화된다고 결론지었다. 평균 미국인들의 식사에 비해 오키나와인들의 식사는 칼로리가 낮았고 동시에 더 건강식이었다. 오키나와인들은 지방, 동물성 식품, 정크 푸드의 섭취율이 낮았고 반면에 과일, 야채, 섬유소, 오메가-3 지방산, 자연식품, 바이오플라보노이드bioflavonoids의 섭취량은 더 높았다. 실제, 장수와 건강에 대한 오키나와인들의 생물지표는 동물대상의 칼로리 제한 연구에서 나타난 생물지표와 유사하였다.

드디어, 동물대상의 칼로리 제한 수명 연구로부터의 발견과 사람 대상의 역학 연구로부터 얻은 발견 사이에는 어떤 연관성이 있음을 입증하는 결과를 얻게 된 것이다. 그러나 생물학적인 노화의 비밀을 풀고 사람의 수명을 증가시키기 위한 비밀을 풀기 위해서는 아직도 더 많은 연구가 필요했다.

동양에서 얻은 보다 설득력 있는 연구 결과

일본에서 행해진 또 다른 연구를 통하여, 칼로리 섭취와 수명 사이의 연관성에 대하여 또 하나의 증거를 얻게 되었다. 연구자들은, 45~68세의 건강한 비흡연가 남성 1,915명을 36년 동안 추적함으로서, 그동안 희망해왔던 것을 발견할 수 있었다. 2004년 브래들리 윌콕스 박사Dr. Bradley Willcox에 의해 주도되었던 그 연구에서는, 평균 칼로리 섭취량 보다 매일 15% 정도 더 적게 섭취한 남성그룹에서 수명이 증가하는 경향이 있음을 관찰하였다. 또한 칼로리 섭취가 감소된 남성그룹에서 질병 발생률이 감소되어 있음도 관찰하였다.

지금까지의 역학연구에 근거할 때, 여러 동물 종에서 관찰된 칼로리-제한이 주는 장수효과와 질병-예방 효과는 사람에게도 똑같이 적용될 수 있는 것으로 보여졌다. 그러나 보다 확신하기 위해서는, 아직도 더 많은 증거 자료가 필요했다. 그러다 우연히 놀랍게도, 또 다른 증거가 생물권 2 Biosphere 2라 불리는 생태계 연구 프로젝트로부터 나오게 되었다.

생물권 2 프로젝트로부터의 증거

생물권 2 | 옮긴이주 : 미래 우주 도시 건설이나 지구의 미래 환경을 위한 자료를 얻기 위해 지구의 생물권과 유사하게 만든 미국 애리조나주에 있는 인공 생물권 |를 기억하시나요? 1990년대에 이루어진 이 실험에서, 실험 참가자들은 2년 동안 고립된, 그러나 자체-유지가능한 생태계에서 생활하도록 되어 있었다. 그곳 거주자들은 처음에는 영양밀도 높은, 비타민이 보충된 채식 위주의, 정해진 양의 칼로리를 식사로 섭취하였다. 이 실험의 원래 목적은 거주자들이 매일 소비하는 칼로리와 같은 양 즉, 체중 유지와 일상 활동에 필요한 정도를 섭취하는 식으로 영양밀도 높은 식사를 하는 것이었다.

그러나 실험 기간 동안에, 식품 생산이 지연되기 시작했고, 그리하여 여러 달 동안 그곳 거주자들은 일일 1,700~2100 칼로리 정도의 저칼로리 식사로 지내야 했다. 이 수준의 일일 칼로리 섭취는, 매일 정상적으로 섭취하는 칼로리 보다 낮은 것으로서 칼로리-제한 식사로 볼 수 있었다. 원래의 계획과는 달리, 생물권 2 실험은 기대치 않게 전체 2년 중 일부기간 동안, 최초로 사람 대상의 칼로리-제한 실험이 되어 버렸다.

생물권 2 거주자들은, 전문의료진에 의해 정기적으로 진료를 받았기 때문에 그들의 건강상태에 대한 자료가 잘 보관되어 있었다. 연구자들은 칼로리 제한 효과를 알아보기 위해서 그 자료를 분석할 수 있었다. 과연 오랜 기간 칼로리 제한을 한 생물권 2 거주자들에게서도, 동물 연구에서 관찰된 장수 생물지표와 같은 유사한 변화가 나타났을까? 그랬다.

생물권 2 거주자들은, 평균적으로, 체지방, 체중, 기초대사율(휴식 시 소비되는 칼로리 양), 체온, 인슐린 수준, 혈당, 콜레스테롤, 중성지방, 혈압들이 모두 감소되어 있었다. 이들 건강자료를 분석한 뒤, 연구자들은, 생물권 2 칼로리-제한 실험은 건강에 해가 되지 않았다고 결론 내렸다. 오히려, 긍정적인 생물지표 측정치를 고려할 때 건강과 장수에 득이 되는 것이었다.

사람 대상의 최근 연구로부터 얻은 또 다른 증거

2006년 이 책이 쓰여 지고 있는 중에, 칼로리-제한과 수명에 대한 중요한 한 연구가 완료되었다. 이 연구는 미국 국립보건원 National Institutes of Health의 지원 하에 이 분야의 선구자 중의 한 사람인 헤일브론 박사Dr. Leonie Heilbronn가 주도한 것이었다. 이 연구는 6개월 동안의 칼로리 제한 식사 효과를 알아보기 위한 것으로, 48명의 건강한, 그러나 주로 앉아서 일하는 남성과 여성이 참여한 연구였다. 헤일브론 박사와 그의 동료들은 남성과 여성을 4그룹으로 나누어 각기 다른 식사 프로그램을 따르게 하였다. 대조군은 체중-유지 식사를 하였고, 나머지 실험 그룹들은 칼로리 제한 식사를 하였다. 예를 들면, 한 실험 그룹은 25% 칼로리 제한 식사를 하였고, 또 다른 실험 그룹은 8주 동안 매우 낮은 칼로리 식사를 한 뒤, 연구 종료시까지 15% 칼로리-감소 식사를 했다. 나머지 마지막 실험 그룹은 연구 기간 내내 15% 칼로리-감소 식사를 하였다. 마지막 실험 그룹은 또한 운동을 하였고 운동하는 날에는 칼로리를 약간 더 증가시켰다.

이 기념비적인 연구에서 6개월의 칼로리-제한 식사로, 수명 증가와 관련된 생물지표들에서 이득 효과가 나타났다. 이들 결과에는, 체중 및 체지방 감소, 인슐린 수준과 체온 감소, DNA 절편화 fragmentation 감소, 즉 DNA 손상 감소가 포함되어 있었다. 이 결과는 다른 포유동물 대상의 칼로리 제한 연구에서 나타난 변화들이 이 연구에서도 동일하게 발생했음을 의미하는 것이다.

인간게놈 프로젝트 The Human Genome Project

이 모든 연구들이 진행되는 동안, 우리 팀은 인간게놈프로젝트라는 순수과학을 활용하여 칼로리 제한 없이도 건강과 장수에 도움이 되는 방법을 궁리하고 있었다. 그 방법은 유전자가 어떻게 작동하는 지에 대한 깊은 통찰로부터 수립될 수 있었다. 이와 같이 질병을 감소시키고 수명을 증가시키기 위한 연구에는 인간게놈 지도확립이 포함됨을 당신은 알아야 한다.("게놈"이라는 용어는 당신의 모든 염색체 상에 있는 모든 유전 정보를 언급하는 포괄적인 용어이다. 이 책을 읽을 때 이해를 돕기 위해서, 32쪽의 "유전학 일반용어"란에서는 핵심이 되는 유전학 용어들을 설명해 놓았다. 유전자-관련 용어들에 대해서 좀 더 상세한 정의를 알고 싶다면, 이 책 끝에 있는 용어집을 보기 바란다.)

사람은 23쌍의 염색체를 가지고 있으며, 각 쌍의 염색체는 아버지로부터 한 세트, 어머니로부터 한 세트 물려받아 이루어진다. 인간 게놈 프로젝트의 결과를 바탕으로, 이제 우리는, 하나의 세포 안에 존재하는 이들 23쌍 염색체 상에는 약 30,000개의 유전자가 저장되어 있음을 안다. 이러한 정보를 바탕으로, 우리는 장수와 건강의 비밀을 풀 수 있는 중요한 통찰을 얻을 수 있었다. 이 인간게놈 연구는, 유전자 발현과 건강 지표와의 연관성 또는 유전자 발현과 질병 개시와의 연관성에 대해 지속적으로 보여주고 있다. 더불어 DNA 손상과, DNA 기능 저하는 건강 악화와 노화 가속화를 일으키는 주원인임도 입증하고 있다.

DNA란 무엇인가?

우리들 중 많은 사람들이 CSI 범죄과학 수사대 같은 텔레비전 프로그램을 보았을 것이다. 이 프로그램에서는 DNA 샘플을 가지고 어떤 사람을 확인하는 과정을 보여준다. 이와 같은 새로운 기술로, 우리는 나를 남과 다르게 하는 아주 기본적인 정보 즉, DNA 속에 저장된 암호에 대해 익숙해지기 시작했다.

DNA는 각 세포의 핵 안에 있는 화학물질로서 생명체를 만드는 유전학적 설명서이다. 복사기를 이용한 서류 복사 과정과 유사하게, 새로 형성되는 세포는 자신의 정체성 확립을 위해 선임세포를 복사

유전학 일반용어

DNA deoxyribonucleic acid ▸ 이중 가닥으로 이루어진 물질로서 암호화된 유전정보를 함유하고 있다. DNA 이중가닥은 뉴클레오티드의 염기 쌍 사이에 형성된 약한 결합으로 서로 연결되어 있다. DNA를 구성하는 뉴클레오티드에는, 아데닌adenine (A), 구아닌guanine (G), 시토닌cytosine (C), 티민thymine (T)의 4가지가 있다. 자연계에서는 A는 T하고, G는 C하고만 염기쌍을 이룬다 : 따라서, 각 단일 가닥의 염기배열 순서는 상대 가닥의 염기서열로부터 유추할 수 있다.

염색체 Chromosome ▸ 염색체는 두 가닥의 DNA로 이루어져 있다. 스스로-복제하는 유전적 구조를 갖고 있는 세포는 DNA를 함유하고 있으며, DNA는 유전자gene라고 불리는 형태로 유전 정보를 함유하고 있다. 사람의 염색체는 46개이며, 23개의 염색체를 포함하는 2세트로 분류된다. 한 세트는 어머니로부터 나머지 세트는 아버지로부터 물려받은 것이다. 인간을 포함한 고등동물은 다수의 염색체를 가지고 있으며 염색체 상의 DNA는 여러 종류의 단백질과 결합되어 존재한다.

유전학 Genetics ▸ 특정 형질의 계승 패턴에 대한 연구.

유전적 다형성 Genetic polymorphism ▸ 개인간, 그룹간, 집단간, DNA 서열의 차이. 예를 들면 파란 눈 대 갈색 눈에 대한 유전자들.

게놈 Genome ▸ 어떤 한 유기체의 모든 염색체에 포함되어 있는 유전물질 전체.

유전체학 Genomics ▸ 유전자와 유전자 기능에 대한 연구.

인간게놈프로젝트 Human Genome Project ▸ 인간과 특정 모델 생물의 게놈 지도와 염기서열을 대상으로 하는 연구와 기술.

하게 되며 그 과정에서 DNA상에 노화가 발생한다.| 그림 1.2 | 참조. 환경오염, 식습관, 생활 방식에서 비롯되는 여러 문제들과 부모로부터 물려받은 유전적 성향으로 인해, 세포의 기반 구조는 장기간에 걸쳐 서서히 손상된다. 새로 만들어진 세포의 구조적 질이 떨어지면

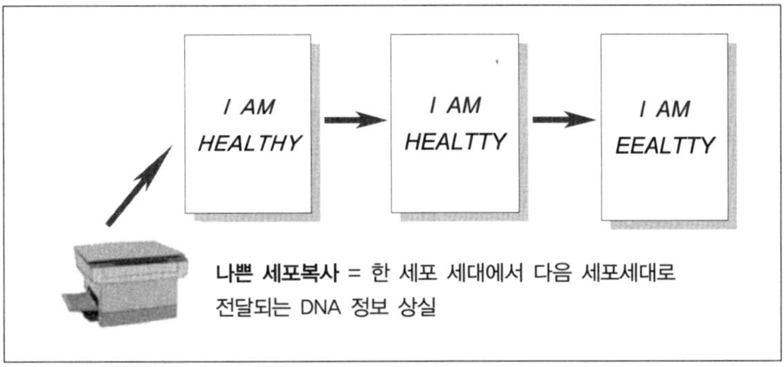

| 그림 1.2. | 시간 경과에 따른 DNA 손상의 효과

서, 세포 내부와, 세포 사이를 순환하는 물질들과 영양소들이 결핍되게 된다. 이렇게 되면, 몸 전체의 기능이 약화되고 시간이 지나면서 노화가 촉진되게 된다.

인간 게놈 프로젝트를 포함한 다양한 연구로부터의 발견과 더불어 우리의 연구를 통해 밝혀진 가장 최신의 과학적 증거에 의하면, 노화는 분명히 조절될 수 있다는 것이다. 현재, 우리는 건강한 노화 과정을 유도하는 생물학적 과정에 대해 충분히 알고 있다. 따라서 우리들 각각은 각자의 수준에서 보다 더 최적으로 노화될 수 있다. 이 점에 대해서는 제 4장에서 보다 자세하게 다루고 있다.

모든 환경 요인과 생활 방식은 유전자 발현에 영향 준다

칼로리-제한 연구에서 보여진 것처럼, 모든 환경 요소와 생활 방식은 유전자 발현에 영향을 미침으로써 우리의 성장과 발달에 영향을 주고, 만성질환을 일으키고, 노화 과정을 가속시키고, 조기 사망을 야기한다. 이 말은 유전자 복제, 살아가는데 필요한 모든 단백질들의 합성, 이들 단백질들의 변형 과정은 모두 환경 요소와 생활 방식에 의해 즉 어떤 환경에서 어떻게 사느냐에 따라 달라질 수 있음을 의미한다. 예를 들면, 유전자에 저장된 정보를 바탕으로 세포가 만드는 일차 물질은 단백질이며, 이 단백질은 우리 몸에서 여러 기능을 담당한다. 그리하여 심하게 오염된 공기를 지속적으로 들이 마시는 방식으로 살면 우리 몸의 다양한 기능을 담당하는 단백질들이 나쁜 영향을 받게 되고 그 결과 건강은 나빠질 수 있다.

우리 몸을 이루는 모든 세포들의 기능은 필요한 단백질을 얼마나 시기적절하게 질서정연한 방식으로 합성할 수 있느냐에 달려 있다. 여러 단백질들의 기능은 다르지만 중요성 면에서는 동등하기 때문에, 당신의 세포가 이들 단백질을 얼마나 지속적으로 잘 만드느냐는 매우 중요한 문제이다. 그러나 우리가 나이 들면서, 나쁜 환경, 빈약한 영양, 좋지 않은 생활습관에 노출됨으로서 세포내 유전자의 기능은 나빠지게 된다. 이로써 조기 노화와, 온갖 노화-관련 질환이 발생되게 된다. 그러나 우리 팀이 제시하는 새로운 유전자-스마트 정보와 함께, 당신은 가장 기본적인 세포 수준에서 당신의 건강을 조절할 수 있고 더 건강하게 더 오래 살 수 있다. 우리는 이 노하우를 **맞춤 유전자 건강법**Personal Genetic Health이라 이름 지었다.

맞춤 유전자 건강법 Personal Genetic Health (PGH)

항노화 연구에 대한 우리 팀의 차별성은 영양프로그램 및 보충제를 사용함으로써 칼로리 제한이 주는 장수효과를 세포 수준에서 발생시키는데, 그리고 유전학적인 요소들을 개선시키는데 주력을 다하고 있다는 점이다. 이러한 차별성으로 해서 우리는 새로운 개념의 건강개선접근법인 맞춤 유전자 건강법PGH : Personal Genetic Health을 수립할 수 있었다. 이 PGH 유전자 변신 접근법은 각 사람마다 독특한 유전자와 세포에 적합한 것이 무엇인지를 분석하고 그것을 바탕으로 그 사람의 총체적 건강과 장수에 필요한 것이 무엇인지를 강조한다.

예를 들면, PGH 유전자 변신에서 제안하는 라이프스타일 또는 환경변화가 유전자 활성에 어떤 효과를 주는지 알아볼 때, 우리가 어떻게 사느냐에 따라 크게 영향 받는 5개 그룹의 건강조절 유전자들을 분석한다. 우연의 일치로, 이 5개 유전자 그룹은 동물 대상의 칼로리-제한 실험시 영향 받는 것으로 알려진 유전자들과 동일한 것들이다. 이들 건강-관련 유전자들은 아래와 같은 극히 중요한 신체 기능을 조절한다.

1. 포도당, 또는 혈당 조절
2. 세포 내 염증 반응
3. 항산화 작용
4. 메틸화 또는 유전자 활성
5. DNA 복구

우리가 수립한 유전자 건강법은 선도적인 의학적 접근법이다.

이들 5개 그룹의 건강 조절 유전자들의 기능도를 분석하고 그것을 바탕으로 이 유전자들의 발현을 긍정적으로 변화시킬 수 있다면 우리는 더 오래 질병 없이 살 수 있음을 안다. PGH 유전자 변신 건강법은 항노화의 새로운 프론티어로서 수명 증가와 특정 질환발생율 감소를 위해 주도면밀히 개발된 건강법으로서, 유전자 검사와 그것을 바탕으로 한 영양프로그램, 라이프스타일 프로그램으로 구성되어 있다.

어떻게 이 맞춤형 건강법이 가능할까? 유전자 SNP single nucleotide polymo- rphisms (단일뉴클레오티드 다형성) 분석으로 알려진 검사를 통하여 가능해진다. 이에 대해서는 이 책 전체에 걸쳐 지속적으로 논의할 것이지만 여기서는 간략한 개요로서 보기로 하자.

SNP란 무엇인가?

현재 우리는 어느 두 사람의 DNA가 약 99.9 % 동일함을, 인간 게놈 프로젝트를 통하여 알고 있다. 그럼에도 불구하고 일란성 쌍둥이를 제외한 모든 사람은 유전학적으로 차이가 있다. 어떤 두 사람을 구별할 수 있는 내적, 외적 모든 차이는 이 0.1%라는 DNA상의 차이에서 비롯된다. 작지만 그러나 의미 있는 이 차이는 우리 유전자 중 일부에서 발생한 극히 작은 분화differentiation에 의해 생긴 것이다. 유전학자들은 이 차이를 단일 뉴클레오티드 다형성single nucleotide polymorphisms 또는 줄여서 SNPs(스닙스로 읽음)라고 한다.

우리의 DNA는 하나의 긴 사슬로 생각할 수 있다. 긴 사슬을

구성하는 각각의 고리는 분자 하나를 나타낸다. DNA 가닥은 단지 4개의 분자(아데닌, 시토신, 구아닌, 티민)가 반복되어 이루어진 것이다. 이들 4개 분자는 구조적으로 유사성이 있기 때문에 과학자들은 이 4개 분자를 하나의 그룹으로 명명하여 뉴클레오티드nucleotide라고 한다. 한 사람의 게놈에 저장된 모든 정보는 이들 4분자가 순서를 달리하여 구성하고 있는 것이다. 이론적으로 동일해야 하는 어떤 유전자가, 이들 4 분자 중 하나에 기인해서 달라졌을 때, 이것을 SNP, 우리말로 단일 뉴클레오티드 다형성이라고 한다. | 그림 1.3 |

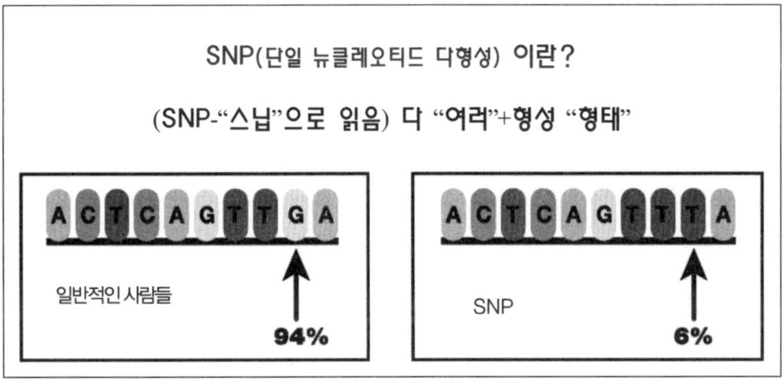

| 그림 1.3. | 어떤 한 유전자가 대부분의 사람들에서는 동일한데 한 개인에서는 다를 때 그것을 SNP single nucleotide polymorphism (단일 뉴클레오티드 다형성)이라 한다.

우리의 현실생활과 SNP은 어떤 관계가 있을까? 우리의 연구에 의하면 특정 질환의 발생가능성과 노화 관련 증상의 발생 정도는 각 개인의 SNP과 연관성이 있다. 또한, 처해진 환경의 질에 따라 DNA는 긍정적으로 또는 부정적으로 활성화 될 수 있음도 유전학 연구에 의해 밝혀지고 있다.

따라서 제 7장에서 상세하게 기술하고 있는 SNP 검사는 특정 개인에게 맞춤화된 PGH 유전자 변신 노화 관리 프로그램에서 없어서는 안 될 매우 효과적인 필수 도구이다

칼로리 제한하지 않고도 더 오래 건강하게 살 수 있는 방법

우리가 제공하는 유전자 SNP 검사 결과지 | 그림 7.2 | 에서 볼 수 있듯이, 건강과 수명 조절에 관여하는 유전자들은 신체 기능과 연관지어 5개 그룹으로 분류될 수 있다. 최근에서야 우리는 이들 5개 "건강조절" 유전자 그룹에 속하는 사람 유전자의 잠재력을 측정하는 법을 수립할 수 있었다. 인간 게놈 프로젝트를 바탕으로 한 최근의 이 성과 덕분에, 우리는 칼로리 제한 효과를 세포수준에서 재현하거나 또는 가장 근접하게 모방하기 위해 사용될 수 있는 영양소 또는 비처방 보충제의 종류와 양의 윤곽을 알게 되었다. 그리하여 초기의 연구 프로젝트에서와 같이 엄격한 칼로리 제한 없이도 현재의 우리는 칼로리 제한 효과를 이룰 수 있게 되었다.

앞서 소개한 연구 결과에도 불구하고, 일부 사람들은 칼로리 제한이 사람의 수명과 건강수명 증가에 대한 해답이라는 것을 아직도 믿지 않고 있다. 다행인 것은 다른 추가적인 연구와 우리의 의료 경험을 바탕으로 볼 때, 질병 및 장수-관련 건강 조절 유전자 모든 그룹은 칼로리 제한이 아닌 영양 중재nutritional intervention에 의해서도 효과적으로 조절될 수 있다는 점이다. 식품과 보충제는:

- 인슐린 민감도와 혈당조절을 개선하고.

- 염증 반응을 감소시키고 조절하며,
- 항산화제 보호와 기능을 개선하고,
- 질병-원인 유전자 발현은 끄고 건강-증진 유전자 발현은 켜며,
- DNA 복구를 촉진할 수 있다.

우리 몸을 이루는 100조 개 세포 각각에서 발생하는 건강-관련 5개 세포과정을 조절하는 암호는 DNA에 포함되어 있다. 앞서 언급했듯이, 하나의 세포는 약 2미터의 DNA를 함유하고 있다. | 그림 1.4.| 우리 몸 전체에 있는 DNA 양을 계산하려면 100조 곱하기 2미터를 해야 하며, 그 값은 이천억 킬로미터라는 어마어마한 길이의 DNA

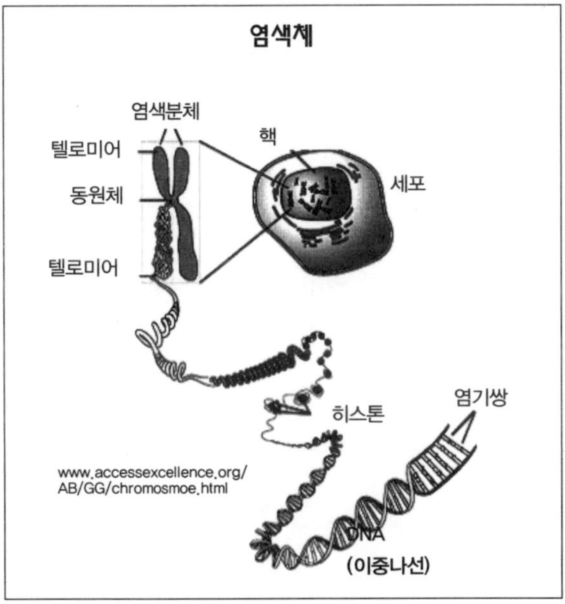

| 그림 1.4. | 사람 각각의 세포는 약 2미터의 DNA를 함유하고 있다.

가 된다. 이 거대하고도 막대한 양의 DNA와 그 속에 있는 생명암호는 인간 존재의 모든 국면에 믿을 수 없을 정도로 중요하다. 그리고 이제 우리가 제시하는 혁명과도 같은 맞춤 유전자 건강법은 어떤 라이프스타일과 환경 요소가 당신에게 좋은지, 피해야 할 것은 무엇인지를 제시해 줄 수 있다

세월이 흐르면서 DNA는 어떻게 손상되는가?

본 책의 주저자인 지암파파 박사Dr. Giampapa가 제안하는 항노화이론은 DNA 손상 통합론The Unified DNA Damage Theory으로서, 이 이론에 따르면, DNA에 발생한 다양한 손상 때문에 유전자가 손상되고, 유전자 발현 양상이 바뀌면서 노화가 가속화된다는 것이다. 노화 및 DNA 손상과 관련하여 핵심이 되는 5개 세포과정이 있다. **긍정적 건강 유전자들Positive Health Genes은 세포수준에서 손상된 DNA를 복구시켜 세포 기능을 최적으로 유지시킨다.** 이들 5개 세포과정들(아래 제시)은 임상적 노화를 조절하며 유전자들에 의해 조절된다.

메틸화 Methylation ‣ 특정 유전자를 켜거나 끔(다른 말로 유전자 발현을 조절함); 일반적으로 심혈관질환과 관련 있다.

염증 Inflammation ‣ 붓거나 통증과 같은 세포 손상에 대한 반응; 일반적으로 뼈와 관절건강과 관련 있다.

당화 Glycation ‣ 혈당은 단백질과 체지방에 영향 미친다; 일반적으로 젊은 체형과 신체구성분의 상실과 관련 있다.

산화 Oxidation ‣ 자유라디칼의 생산; 일반적으로 DNA와 유전자의 손상과 관련 있다.

DNA 복구 DNA Repair ‣ 최적의 상태로 DNA를 회복시킨다.

이 5개 세포 과정 각각은 특정 그룹의 유전자들에 의해 조절된다. 만약 이 세포 과정들이 손상되거나 또한 그 결과로 서서히 조절이 나빠지게 되면, 또는 물려받은 유전자가 빈약하여 시작부터 이 5개 세포과정이 최적의 상태가 아니라면, DNA 손상은 보다 빠른 속도로 발생된다. 세포 수준에서 일어나는 이 과정들의 효율성이 점점 떨어지면서, 우리는 더 빠르게 노화되기 시작한다.

이 5개 건강-조절 세포과정들은 우리의 건강 유지는 물론이고 세포 수준에서의 노화 과정에 상당한 기여를 한다. 지암파파 박사 이론은 최신의 유전학 연구를 이용한 것으로 이제 우리는 각 사람에 대한 이 5개 세포 과정들의 활성 정도나 효율성을 측정할 수 있고 그 측정된 정보는 건강한 장수를 달성하기 위해 사용될 수 있다.

모든 사람은 겉모습뿐만 아니라 세포 수준에서조차 다르기 때문에, 우리는 각 개인에게 어떤 노화가 일어나는지 정의할 수 있으며, 그 사람의 노화를 늦추기 위해 필요한 보충제는 무엇인지 정의할 수 있다. 결국, 평균적인 사람들에게 필요한 것이 무엇인지가 중요한 것이 아니라 **각 개인으로서 나에게 필요한 것이 무엇인지**가 중요하며 그것이 바로 우리 각자의 건강의 질과 노화되는 방식을 완전히 바꿀 수 있는 것이다.

우리의 항노화 프로그램 : 항노화 돌파구

PGH 유전자 변신법은, 위에서 기술한 5가지 건강조절 세포과정에 바탕 둔 것이다. 우리의 프로그램은 유전자 SNPs라는 첨단과학에 초점을 두고, 이들 5개 세포 과정과 관련된 유전자들을 검사한다. 일단, 유전자 분석을 통해 당신의 개인 정보를 얻으면, 그것을 바탕으로 당신의 유전자들이 가장 최적의 수준으로 작동할 수 있도록 **당신을 위한, 당신이 복용해야만 하는** 특정 비타민, 무기질, 또는 건강기능식품들neutraceuticals을 추천한다. 우리의 프로그램을 시작하고 나서, 당신의 노화 과정이 개선되는 지를 알아보기 위해서는 간단한 뇨검사를 통하여 당신의 DNA를 모니터 할 수 있다. 이 뇨검사 때문에 노화가 어떻게 진행되고 있는지에 대한 우려는 하지 않아도 된다.

이 책을 통해서, 당신은 유전자를 위해서 최적의 환경을 제공하는 것이 왜 중요한지 알게 될 것이다. 유전자 단독으로, 노화되는 방식과 건강수준을 결정하지 않기 때문에 이 책에서는 또한 당신의 믿음 체계와 감정은 물론이고 당신의 생활 방식이 성공적인 건강과 더 오랜 삶으로 가는 새로운 길에 핵심 사항임을 논의할 것이다.

우리의 궁극적인 목표는 여러분 각자가 자신의 건강에 대해 스스로 감독하고 모니터 할 수 있는 능력을 갖는 것이다. 그리하여 질병과 노화의 원인보다는 증상에 초점을 두고 있는 현 건강관리 체계에 덜 의존적이고 당신의 삶의 질에 대해 미리 대책을 강구하고 책임질 수 있도록 하는 것이다.

왜 노화를 지연시켜야 하는가: 노화 과정 최적화의 중요성

다음은, 우리가 제시하는 맞춤 유전자 건강법의 항노화 생활 방식을 적용해야 하는 이유를 말해주는 팩트fact들이다. | 그림 1.6. |

팩트 매 초마다 미국의 베이비붐 세대 한 사람이 50세가 된다.

팩트 1995년, 베이비붐 세대는 은퇴를 대비하여 15조 달러를 저축하였다. 그러나 지금과 같은 노화관련 질병들이 앞으로도 지속된다면, 그들이 노화되면서 건강을 유지하기 위해 필요한 돈은 184조 달러가 될 것이다. 지구상에 그 만큼의 돈은 없다.

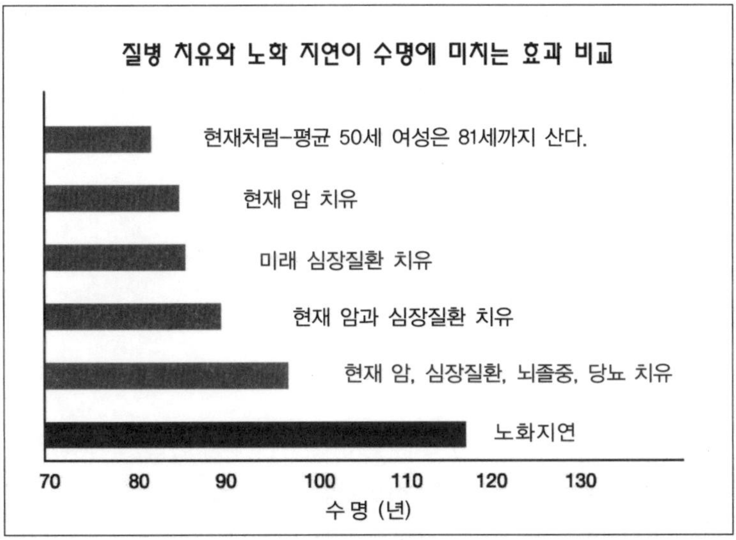

| 그림 1.6. | 암, 심장질환, 뇌졸중, 당뇨 치유의 복합효과보다도, 노화 과정을 지연시키는 것이 건강 수명을 연장하는데 더 효과적일 수 있다.

팩트 현 의료계의 항노화 기술은, 7천6백만 베이비 붐 세대 중 최소 50%의 건강수명을 90~100세가 되게 할 능력이 있다.

팩트 만약 모든 미국인의 건강수명―즉 질병 없이, 건강하면서 생산적인 상태 유지―을 딱 1년 연장할 수 있다면, 미국의 경제는 1-3조 달러를 절약할 것이다.

팩트 미 연방 예산의 약 14%가 노인 의료에 지출되고 있고, 이 비용은 지속적으로 증가하고 있다.

팩트 다음 20년 동안에도, 지금과 같은 질환유형이 지속된다면, 미국의 보건의료시스템은 파산할 것이다(브라운 대학 경제학자 Laurence Kotlifoff).

팩트 항노화 기술을 적용하면서 65세에 도달하게 되면, 남자들은 15.8년을, 여성들은 17.6년을 더 오래 살 것으로 기대할 수 있다.

팩트 미국 인구조사 사무국the United States Census Bureau에 따르면, 2030년에는, 미국 전체 인구의 1/5이 노인으로서, 그 수는 5천9백만~7천8백만으로 증가할 것이다.

팩트 2050년이 되면, 미국의 100세 이상 노인은 2백 2십만 명 정도가 될 것이다. 지구 전체 인구는 총 93억이 될 것이다.

이 책을 읽음으로써 당신은 건강의 질과 노화되는 방식을 변화시키게 될 것이다. 또한 삶을 변화시킬 파워를 가지게 됨으로서 더 이상은 물려받은 유전자의 희생자가 아닌 당신 건강 운명의 주인이 될 수 있을 것이다. 이 책은 당신의 믿음 체계를 변화시킬 정보를 제공하고 그리하여 여러분 스스로가 건강 운명을 바꿀 수 있도록 당신을 도울 것이다. 이 책은 당신의 미래 건강의 비밀은 바로 DNA를 분석하고 DNA 손상을 최소화시킴으로써 **당신 DNA를 최대한 건강하게 유지하는 것**임을 보여줄 것이다. 이 책은 당신이 찾아왔던 젊음의 샘물과 마법의 알약 다음으로 가장 훌륭한 비법이 바로 여기 제시되어 있음을 가장 최신의 과학적 증거를 가지고 보여줄 것이다.

2
첫 번째 비밀:
세포 하나를 건강하게 유지하는 법을 안다면, 온 몸 100조 개 세포도 건강하게 유지할 수 있다

가치가 적은 것은 지푸라기처럼 수면에 떠다닌다. 진주를 찾으려는 사람은 수면 아래로 잠수해야 한다.

존 드라이든, 사랑을 위한 모든 것*ALL FOR LOVE* 에서

거울에 비친 현재의 당신 모습과, 젊었을 때 찍은 사진 속의 당신 모습을 비교해 보라. 당신이 보통의 일반인들과 비슷한 유형이라면, 그 비교에서 뚜렷한 차이를 발견할 것이다. 아마도 그 차이 때문에 당신은 이 책을 읽게 되었을 것이다. 바로 의학 발전을 알아보고, 그리하여 노화와 노화 관련 질환에 대해 당신이 할 수 있는 것이 무엇인지를 알아보기 위해서.

노화의 상징은 왜 생기는 것이며 그것들에 대해 우리는 무엇을 할 수 있을까? 이 중요한 질문에 답을 얻기 위해서, 우리 몸에서 실제 무슨 일이 일어나는지 면밀히 살펴보도록 하자. 그리고 나면 거울에 비친 현재의 당신 모습이 왜 그렇게 변하게 되었는지 이해될 것이다. 노화를 조절하는 요소가 무엇인지 알게 되면, 우리는 노화 경로를 바꾸기 위해 어떤 행동을 해야 할지도 알 수 있게 된다. 가장 결정적인 답을 얻기 위해서는, 우리는 몸 속 깊숙이 파고 들어가야 한다.

과학 쇼가 보여준 가장 최근의 진전은 노화 과정을 조절하는 방법을 알기 위해서는, 매우 강력한 줌 렌즈를 사용해서 **세포** 내부에서 일어나는 것에 초점을 맞출 수 있어야 한다는 것이다. 그때서야, 비로소 노화와 노화-관련 질환에 대해서 우리가 할 수 있는 것이 무엇인지 결정할 수 있게 된다. 다행스럽게도 지난 십 년 동안 우리 팀이 해온 것이 바로 이것이며 그리하여, 전에는 결코 가능하지 않았던 방식으로 당신의 건강을 조절할 수 있는 새로운 해답을 얻을 수 있었다.

노화와 노화-관련 질병을 조절하기 위해 할 수 있는 것이 무엇인지 의학적으로 탐구한 결과, 우리는 맞춤 유전자 건강을 통한 유전자 변신법을 개발하게 되었다. 우리 모두는 늙는다. 우리의 환자, 우리의 가족, 친구, 동료 그리고 당신도. 그리고 모든 사람이 희망하는 것처럼, 나도 좀 더 우아하게 나이 들고, 더 오래, 더 건강하게 더 만족한 삶을 살기를 희망한다.

이러한 모든 사람의 욕망 때문에 우리 팀은 왜 어떤 사람은 다른 사람에 비해 더 젊어 보이고, 더 오래 살고 노화와 관련된 일반적 질병에 걸리지 않는지 탐구하지 않을 수 없었다. 수 년 간의 탐구 끝에, 드디어 우리 몸속 각 세포 내부 깊숙이 숨겨져 있는 DNA에서 우리는 해답을 찾을 수 있었다. 우리가 찾아낸 것 중 가장 가치로운 부분은, 이 새로운 정보를 가지고, 우리의 수명을 증가시키고 노화 관련 질환으로부터 우리를 보호하기 위해 실제 행동으로 옮길 수 있는 실천방안을 갖게 된 점이다.

항노화 해법 계시

멋있게 나이 들고 건강을 유지하는 비법은 꽤 간단하다: **세포 하나를 건강하게 유지하는 법을 안다면, 같은 방법으로 100조 개 세포도 건강하게 유지할 수 있다.**

1. DNA 손상을 감소시키고 DNA 복구를 증가시킨다.
2. 자유라디칼에 의한 손상을 감소시킨다.
3. 물려받은 유전적 결함을 극복한다.

노화를 세포수준에서 세포 하나하나의 방식으로 접근하면, 과거에 불가능하다고 여겨졌던 유전적 운명을 바꾸는 것이 가능해진다. 이에 대한 본론으로 들어가기 전에, 먼저 두 가지 점을 고려해주기 바란다. 첫째, 이 목표를 달성하기 위해 필요한 정보가 나온 지는, 인간게놈 프로젝트가 완성된 이래 불과 몇 년 밖에 되지 않았다는 점을 항상 기억해야 한다. 둘째, 인간게놈 프로젝트를 통하여 무수한 정보가 쏟아져 나왔지만, 그것의 실제적 적용을 위해서는, 주도면밀하게 변경시키고, 재검토하고, 분석하고 나서야 그 정보를 가지고 무엇을 할지 알게 되었다는 것이다. 이런 과정을 거쳤기 때문에 비로소, 우리는 이들 새로운 의학적 통찰을 얻을 수 있었고 그것을 바탕으로, 현재의 당신이 도움을 받을 수 있는 맞춤 유전자 건강법의 유전자 변신 프로그램을 개발할 수 있었다. 또 한 가지, 이 PGH 유전자 변신 프로그램은 미래의학의 모든 면을 바꿀 것임도 기억해주기 바란다.

인간에 대한 유전학적 기본 청사진

인간 게놈 프로젝트로부터 우리가 알게 된 것은, 인간 존재를 만들기 위한 청사진을 설계하기 위해서는 약 30,000개의 유전자가 소요된다는 것이다. 각각의 유전자는 우리가 통칭하여 단백질이라고 부르는 여러 다양한 물질들을 만드는 방법에 대한 사용 설명서를 담고 있다. 만들어진 이들 단백질들은 보다 복잡한 분자들을 만들기 위해서 사용된다. 보다 복잡한 분자들은 혼자서는 기능할 수 없기 때문에, 다시 여러 방식으로 조립되어 다양한 세포를 구성하고, 각각의 세포들은 다시 근육과 뼈 같은 다양한 기관이나 조직을 구성한다. 각 사람은 조화롭게 함께 일하는 100조 개 세포의 집합체이다. 당신의 세포가 정확하게, 조화롭게 일하지 않을 때는, 조기 노화 및 노화와 관련된 다양한 건강문제가 발생하게 된다.

그러나, 어떤 특정 시간대에 켜져 있는 즉 활발하게 작동하여 단백질을 합성하고 있는 유전자는 단지 10% 뿐이라는 점을 주목하자. 이것은 항상 기억해야만 할 중요한 개념이다. 즉, 당신의 일생 중 어떤 특정 시간대를 보더라도, 전체 30,000개의 유전자중, 3,000개만이 일하고 있다는 것을 의미한다.

이것이 왜 중요한가? 이것은 난해한 질문이지만, 노화 과정이 진행되는 동안 그리고 다른 여러 상황 하에서 각각의 유전자들이 활성화되는 시간대가 다르다는 점이 하나의 이유이다. 즉 성장기 동안에는 특정 유전자들이 발동하여 우리를 젊게 유지해 준다. 그 뒤 해가 바뀌면서, 이들 "젊음" 유전자들의 기능은 쇠퇴하고 소위 "노년 및 질병" 유전자들이 켜지게 된다. | 그림 2.1~2.3 | 그러나 반드

시 그 방향일 필요는 없다. 세포 작동 방식에 대한 새로운 이해를 통하여 우리 팀은 유전자 수준에서부터 외부 모습에 이르기까지 더 젊게 더 건강하게 더 오래 살 수 있는 방법을 개발할 수 있었다.

긍정적 노화 • 유년기 프로파일

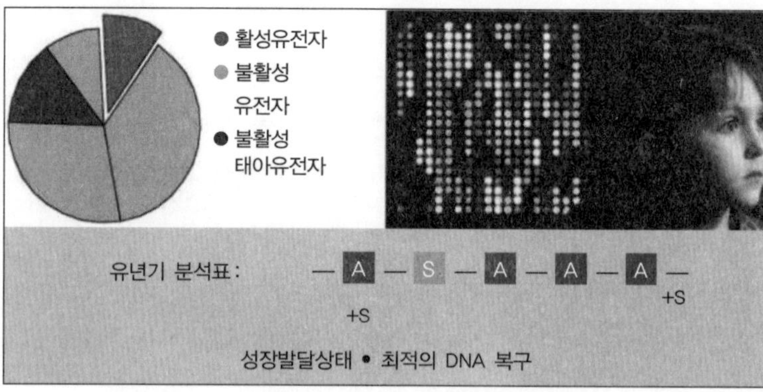

| 그림 2.1. | 노화 진행 동안 유전자 발현 변화: 청춘기

안정적 노화(나이 21-30+) • 성인 프로파일

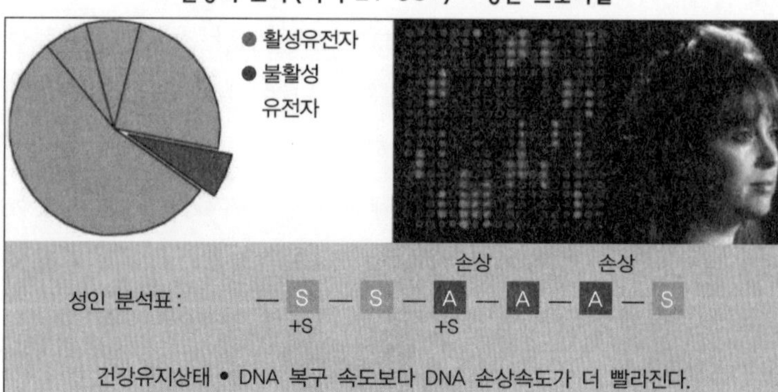

| 그림 2.2. | 노화 진행 동안 유전자 발현 변화: 30세 이후

부정적 노화 • 질병가속화와 급속한 노화

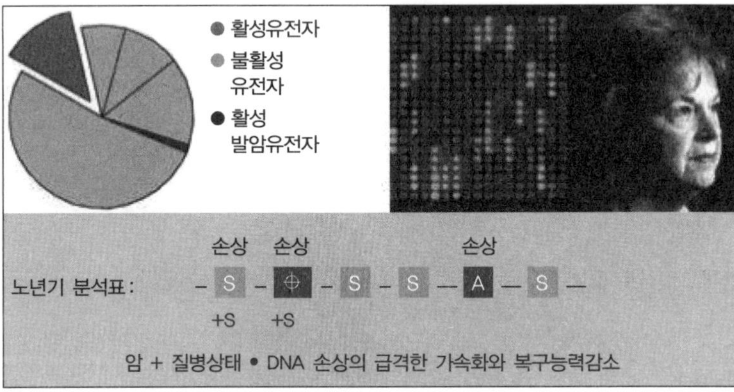

| 그림 2.3. | 노화 진행 동안 유전자 발현 변화: 노년기

긍정적 노화 대 부정적 노화

긍정적 노화 Positive aging는 얻기 위해 힘써 노력해야 하는 것이다. 다행인 것은 우리가 실천하기로 선택한 생활 방식을 통해서 우리는 노화 과정을 바꿀 수 있다는 것이다. 예를 들면 매일 긍정적 노화 과정을 위한 식품을 선택하고, 유전자 검사에 바탕 둔 보충제를 섭취하고, 특정 종류의 신체 활동을 하고, 바람직한 체성분을 유지하고, 건전한 긍정적 사고를 하는 것 등을 통해서 노화 과정에 긍정적 영향을 미칠 수 있다. 이와 같은 항노화 생활 방식을 일상화하기 위해서는 먼저 노화의 근간을 이루는 아래 제시된 기본과정들에 대해서 이해해야 한다. 특히 우리가 조절할 수 있는 과정은 보다 깊이 이해해야 한다.

첫째, 사람의 일생에는, 나이 들고 자라기를 원하고 그것을 달성하기 위해 특정 유전자 그룹이 활성화되는 기간이 있음을 알아야한다. 영아기로부터 성인이 되는 기간이 여기에 해당된다. 우리는 긍정적 노화를 통해, 신체적 정신적으로 온전하면서 능력이 최고조인 건강한 젊은 성인으로 발달하고 성숙하게 된다.

둘째, 젊은 긍정적 노화 유전자에는, 우리를 젊은 성인으로 발달하게 도와줄 뿐 아니라 각 세포를 건강하게 유지하는데 관련된 유전자들이 상당수 있다. 일단 우리가 젊은 성인기인 20-30대가 되면, 가능한 오래 머물고 싶은 삶의 상태에 도달한 것이다. 이 상태에서는 우리 몸의 수조 개 세포 각각이 이상적으로 건강하고 최적으로 기능을 수행한다. 우리의 일생 중 이 때 보다 상태가 더 좋고, 생각이 빠르고, 더 빨리 회복하는 때가 없다. 젊음과 건강을 유지하는 유전자들은 우리를 젊고 건강하게 유지하도록 쉼 없이 작동한다. 비결은 가능한 오래 우리의 젊은 유전자를 켜진 상태로 유지하고 노화-관련 유전자들은 꺼진 상태로 유지하는 것이다.

수명 비밀

젊은 성인기에, 우리가 건강을 유지하고 생식과 자녀 양육에 최적의 상태가 될 수 있는 것은, 활발하게 일하는 3,000개의 유전자가 있기 때문이다. 이들 유전자 덕분에 우리는 밤늦게 밖에서 놀 수 있고, 밤새 파티를 하고, 심지어는 나쁜 생활습관으로 우리 몸을 혹사시킴에도 불구하고 건강하고, 날씬하고, 활력을 유지할 수 있다. 연구자들이 추산하기로는, 매일 30,000~70,000번의 대사과정으로 우리의 DNA가 손상된다고 한다. 우리가 젊을 때는, 매일 발생되는 이러한 손상 중 대부분을 세포들이 복구시킬 수 있다.

우리 일생의 모든 시점에서 이러한 복구를 할 수 있는 것은, DNA

에 가해진 손상을 복구하는 핵심 유전자들이 있기 때문이다. DNA 복구 유전자들은 가장 중요한 유전자들이다. 나이 들면서도 지속적으로 DNA 복구 유전자들이 잘 작동하는 것이 최적의 노화에 핵심이다.| 그림 2.4 | 동물계로 관심을 돌려보면, 장수와 DNA 복구에 대한 재미난 사실이 드러난다. 즉, DNA 복구능력이 큰 동물종 일수록 수명이 더 길다. 베르너 증후군Werner Syndrome, 허친슨-길포드 신드롬Hutchinson-Guilford Syndrome, 색소성 건피증Xeroderma Pigmentosa과 같은 DNA 복구 능력에 이상이 있는 질환자들을 보면, 이들의 건강수명과 수명이 다른 사람들에 비해 훨씬 짧다는 것을 알게 된다.

따라서 노화와 퇴행성 질환과정 조절에는 여러 요소가 관련되어 있지만, 무엇보다 중요한 것은 당신의 DNA 복구 능력을 유지하는 것이다. DNA를 건강하게 유지하는데 있어 여러 식품과 보충제는 필수 역할을 담당한다.

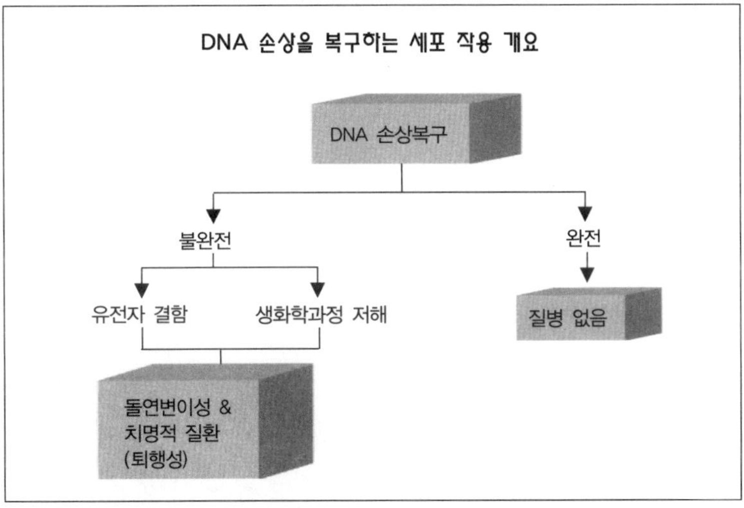

| 그림 2. 4. | DNA 손상을 복구하는 세포과정은 최적의 노화에 결정적이다.

부정적 노화: 문제는 비효율적인 DNA 복구에 있다

여기서, 아주 중요한 또 다른 통계를 보자. 우리가 30세 정도가 되면 외모가 다르게 보여지기 시작하고 건강의 질이 다르게 느껴지기 시작한다. 그 이유는 이제는 더 이상 복구 유전자들이 DNA에 가해지는 손상속도만큼 신속하게 DNA를 복구할 수 없기 때문이다. 이것이 부정적 노화Negative aging 또는 일반적으로 노화라고 생각되는 것이 시작되는 시점이다.

비록 이것이 누구에게나 자연스럽게 일어나는 과정이지만, DNA 복구 능력을 최대로 유지하고 DNA 손상을 줄이는 건강한 생활 방식을 채택함으로서, 우리는 노화가 최적의 상태로, 그리고 가능한 느리게 진행될 확률을 높일 수 있다. 예를 들면, 7장에서 보게 되겠지만, 보충제 섭취는 항노화 생활습관의 중요한 요소가 된다. 긍정적 항노화 생활습관－먹고 싶은 대로 먹고, 무엇이든 일어나게 하는 피동적인 생활습관과 반대 개념－을 채택한다면, 당신은 더 오래 더 건강한 삶을 살 수 있다. 아래에 제시된 조기 노화와 퇴행성 질환 같은 극단적인 예를 살펴봄으로서 이 점을 보다 잘 이해할 수 있다.

빠르게 늙는 질병인 선천성 조로증으로부터의 통찰

때때로 당신은 영화나 텔레비전에서 빨리 늙는 누군가의 이야기를 접했을 것이다. 심지어 어떤 코메디 프로에서는 주인공이 빨리 노화되어 초등학교 때 성인처럼 되는 경우도 있다. 비록 이런 것들이

과학소설처럼 보이지만, 이러한 상태는 실제로 존재한다. 우리는 선천성 조로 (프로제리아progeria | 또는 이 질병을 발견한 과학자의 이름을 따서 허친슨-길포드 선천성 조로증이라고도 함 |)라고 불리는 희귀한 유전학적 질환을 연구함으로서 중요한 통찰을 얻을 수 있었다. 유전자에 근거한, 빠르게 늙는 이 질병을 일으키는 핵심 원인 중의 하나는 바로 DNA 복구 기전이 빈약하기 때문이다. 이 조로 현상은, 이들이 태어나서 죽기까지 분열할 수 있는 세포 분열 횟수를 결정하는 염색체 양 말단을 덮고 있는 텔로미어가 짧아짐으로서 발생한다.

프로제리아라는 선천성 조로증은 그리스어의 노년기를 뜻하는 제라스geras에서 그 이름이 유래된 것으로서, 전 세계적으로 약 8백만 명의 신생아 중 하나가 발생하는 것으로 추산되고 있다. 선천성 조로증을 가지고 태어난 아이는 신생아일 때는 대개 정상으로 보인다. 그러다 일 년 이내에 성장속도가 느려지고 곧 같은 연령대의 다른 아이들에 비해 키와 체중이 작게 된다. 이들의 긍정적-노화 과정은 조기에 멈추고 부정적 노화 과정은 일찍 시작된다.

선천성 조로증을 가진 아이들은 대머리, 노화된 피부, 두상 크기에 비해 작은 얼굴과 작은 턱 등의 특징을 가지고 있어 남들과는 뚜렷하게 외적으로 구별된다. 또한 이들은 노인들에게서 전형적으로 나타나는 뻣뻣한 관절, 고관절 탈구, 심각한 진행성 심혈관질환 증세로 고생하기도 한다. 선천성 조로증을 가진 아이들 중 일부는 진행성 죽상동맥경화증atherosclerosis을 겪으며, 이로 인해 발생되는 생명에 위협적인 심혈관 합병증을 완화하기 위해 관상동맥 대체혈관 수술bypass 또는 혈관형성수술angioplasty을 받기도 한다. 그러나 백내장, 골관절염과 같은 정상적인 노화 과정과 관련된 특징 중 일부는 이들에게서 나타나지 않는다. 불행히도, 현재 이 아이들의 상태를 치료하거나 치유하는 방법은 없다. 선천성 조로를 겪는 아이들은 평균 13세가 되면 대개 심장발작 또는 뇌졸중으로 사망한다.

무엇이 선천성 조로의 원인인가? 의학계는 아주 최근까지지도 이 질문에 대한 답을 몰랐다. 2003년 미국국립인간게놈 연구소 National Human Genome Research Institute의 과학자들이 선천성 조로 연구 단체, 뉴욕주 발달장애 기초연구기관, 미시건 대학의 연구자들과 함께 공동연구를 수행하여 답을 찾게 되었다. 문제는 라민 A lamin A라는 단일 유전자에 생긴 한 돌연변이 때문이었다.

선천성 조로가 비록 유전자에 근거한 질병이지만, 모순되게도, 선천성 조로를 겪는 아이의 부모나 다른 형제들은 결코 이 질환을 겪지 않는다. 따라서 이 질병은 세대를 통하여 전해지는 것이 아닌 뭔가 다른 원인이 있는 것으로 보인다. 연구자들은 몇 가지 분석을 통하여, 거의 모든 경우에서, 정자 시기 때 라민 A 유전자에서 돌연변이가 발생하는 것으로 보인다고 결론 내렸다.

거의 대부분의 선천성 조로증 경우에서 라민 A 유전자를 구성하는 25,000 DNA 염기 쌍 중 단지 하나의 염기쌍이 치환되어 발생되는 것으로 밝혀진 것은 매우 놀라운 일이다. 라민 A 유전자는 라민 A와 라민 C라 불리는 두 종류의 단백질을 만든다. 이 두 단백질은 세포핵의 내막inner membrane 안정화에 결정적인 역할을 담당한다. 허친슨-길포드 선천성 조로증을 야기하는 라민 A 유전자 돌연변이는, 결함이 있는 라민 A 단백질이 만들어 지게 한다. 이 결함 라민 A 단백질 때문에 핵과 핵 내부의 DNA는 손상에 더 취약하게 된다.

이 비정상적인 결함 라민 A 단백질은 세포 핵막의 불안정화를 야기하는 것으로 보이며 특히 심혈관계와 근육골격계와 같이 격심한 물리적 압력이 규칙적으로 가해지는 조직에 큰 해를 주게 된다. 연구자들은 라민 A 유전자에 생긴 다른 형태의 돌연변이들도 발견하였으며 이 돌연변이들은 희귀한 두 종류의 근위축증muscular dystrophy을 포함하여 최소 6종의 유전학적 질환을 일으키는 것으로 밝혀졌다. 이와 같이 조기 노화의 극단적 형태인 조로증의 원인을 찾아낸 것은 선천성 조로증의 진단과 치료의 가능성을 시사하는 것 외에도 노화 과정을 새롭게 조명하는데 도움을 주었다.

텔로미어 : 건강에 대한 또 다른 평가 기준

선천성 조로증 환자는, 텔로미어telomere 길이가 짧은 채로 태어난다. 텔로미어는 염색체의 끝에 존재하며 긴 막대 모양의 구조를 하고 있는 것이다. 이 특수화된 구조인 텔로미어는 세포 분열시 DNA 분자의 복제와 안정화에 관련된다. | 그림 2.5. | 세포가 매번 복제될 때마다 텔로미어의 길이는 조금씩 짧아진다. 세포 분열이 반복되면서 텔로미어는 점점 짧아지고, 결국에는 세포가 죽게 되는 신호로 작용한다. 선천성 조로 환자의 세포는 이미 짧아진 텔로미어를 가지고 태어나기 때문에, 이 환자들의 세포 수명은 짧으며 그리하여 조기-노화 신드롬이 발생하게 된다.

과학자들은 2005년도 <미국 노인병학회지*Journal of the American Geriatrics Society*>에서 세포의 수명을 연장하고 세포의 기능을 가능한

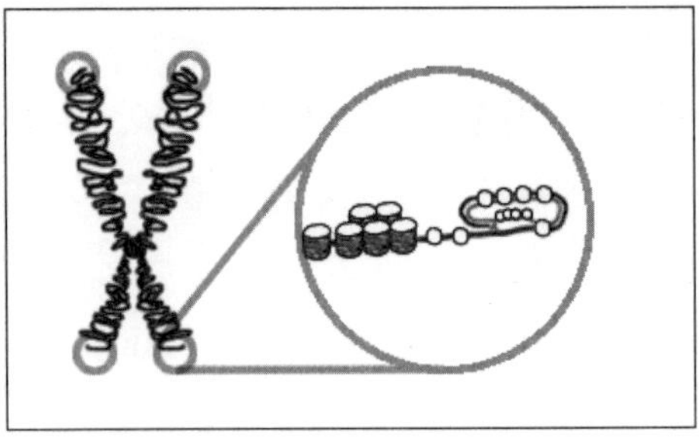

| 그림 2.5. | 텔로미어는 염색체의 양 말단에 존재하는 특수화된 구조로서 세포분열시 DNA 분자의 복제와 안정화에 기여한다.

건강하게 유지하기 위해서는 정상적으로 기능하는 텔로미어를 유지하는 것이 중요하다고 발표하였다. "노화와 암의 텔로미어 생물학"이라는 제목의 2005년도 학술논문의 저자인 우드링 박사Dr. E. Woodring는 여러 자연적인 압력, 이름하여 산화스트레스가 텔로미어 손상을 일으킬 수 있음을 지적하였다.

우리가 통제할 수 있는 조기 노화요소들

선천성 조로증 이야기는 **단 하나의 유전자 돌연변이에 의해 야기되는 강력한 조기-노화 효과**를 보여준다. 그렇다면 젊음 유지에 관여하는 수백 개의 유전자들에 손상을 일으키고 노화 및 질병 유전자를 조기에 켜지게 하는 생활 방식이 노화에 어떤 영향을 미칠지는 쉽게 상상이 될 것이다. 1989년 블랙번 박사Dr. Elizabeth Blackburn의 기념비적인 연구에서 보여졌듯이, 높은 수준의 만성적 스트레스 또한 텔로미어 길이를 짧게 하는 원인이 된다. 이쯤에서, 당신 머릿속에 유전자, DNA, 노화 사이의 관계에 대해 큰 그림이 그려지기 시작할 것이다.

흡연, 나쁜 음식 섭취하거나 좋은 음식 먹지 않는 것, 운동부족, 오염된 공기의 호흡, 안 좋은 물 마시는 것, 이 모든 것들은 우리가 통제 할 수 있는 것들로서 당신의 건강과 수명은 물론 당신의 유전자가 일하는 방식에 영향을 준다. 조기 사망의 가장 큰 원인인 암, 심혈관 질환, 제2형 당뇨, 비만 등과 같은 대사성 질환의 주 발생 원인은 젊음 유전자들을 꺼지게 하여 복구할 수 있는 속도보다 DNA 손상이 더 빠르게 일어나게 하고, 동시에 질병을 야기하고 노화를 촉진하는 유전자들은 켜지게 하는 생활 방식으로 살았기 때문이다.

30세까지는 당신의 긍정적 건강 유전자가 활성화되어 최적으로 작동한다는 것을 기억할 것이다. 30세 이후에는 전혀 다른 이야기가 전개되지만 당신은 상황을 더 좋게 바꾸기 위해 도움을 받을 수 있다. 30세 이후부터는 우리의 세포는 손상이 일어나는 속도만큼 DNA를 신속하게 복구할 수 없다. 이것은 우리의 유전자가 더 이상 효율적으로 기능하지 못하고 우리가 누리고 싶어 하는 삶의 질과 건강을 유지할 수 없음을 의미한다. 즉, 우리의 세포는 건강한 세포 구조와 기능을 유지하는데 필요한 단백질을 더 이상 효율적으로 생산할 수 없음을 의미한다.

긍정적, 부정적 건강 유전자와 부정적 노화의 결과

대부분의 우리는 30세 이후 유전자 기능이 빈약하게 된 결과를 경험하기 시작한다. 활기찬 건강은 서서히 쇠퇴하기 시작하고 보다 젊었을 때 생산하던 에너지만큼 생산하지 못하기 때문에 대사는 느려지고 체중은 증가하기 시작한다. 조직 복구 시스템이 관절 부위에 생기는 염증과 손상을 따라 잡지 못해 관절 부위에 통증을 느끼기 시작한다. 내적 외적 물질에 의해 발생되는 피부의 콜라겐과 엘라스틴 손상이 더 이상 효율적으로 복구되지 않기 때문에 피부는 늘어지고 주름지기 시작한다.

우리 몸 내부에서는 동맥 손상, 세포 염증, 뇌세포 수 및 기능 감소를 포함하는 겉으로 드러나지 않는 노화의 특징들도 발생된다. 결국, 긍정적 건강 유전자들이 심각하게 쇠퇴하여 실제보다 더 늙어 보이고 나이를 느끼게 되고 노화된 행동을 하게 된다.

긍정적-건강 유전자 Positive-Health Genes

연구에 따르면 특정 유전자들, 또는 특정 유전자군은 포유동물을 40%까지 더 오래 살게 한다고 한다. 우리를 건강하게 최적으로 기능하게 하는 유전자들에는 제 1장에서 논의했던 칼로리 제한 실험 시 우호적으로 반응했던 유전자들이 포함된다. 이제 우리는 적합한 보충제와 뉴트라슈트칼을 섭취하는 것과 같이 쉬운 것부터 시작하여, 이들 중요한 긍정적 건강 유전자들이 더 오래 긍정적으로 활발하게 지속적으로 작동하게 할 수 있음을 안다.

우리의 PGH 유전자 변신법에서는, 이들 긍정적 유전자들을 다섯 그룹으로 분류하였고 표 2.1에 제시하였다.

DNA 손상 원인 : 노화는 어떻게 시작 되는가

각 세포 안에는 30,000개의 유전자가 있고, 수조 개의 세포가 매일

| 표 2.1. | PGH 유전자 변신 긍정적 유전자 그룹 요약

---

1. **메틸화Methylation 유전자들은, 다른 유전자들을 정확한 순서로 활성화 및 불활성화 시키거나 또는 켜지게 및 꺼지게 한다.** 메틸화는 메틸분자 CH3-를 첨가하는 것이다. DNA의 메틸화에 의해 특정 DNA 부위가 감추어지거나 노출된다. 이러한 노출과 비노출의 결과 우리의 유전적 스위치가 켜짐에서 꺼짐으로 또는 꺼짐에서 켜짐으로 변화되기도 하고 어떤 유전자가 활성화 되거나 불활성화 되기도 한다. 메틸화가 적절할 때 세포는 건강하다. 이 과정은 플룻의 특정 구멍에 손가락을 정확하게 놓아야 여러 다른 선율로 조화로운 멜로디를 만들 수 있는 것과 비슷하다. 최근의 연구에 의하면, 뇌의 노화와 암, 심장노화는 메틸화 패턴의 변화에 의해 발생됨을 강력하게 제시하고 있다.

---

2. **염증 유전자들은, 세포, 뼈, 관절에서의 염증과 관련된다.** 몸에 있는 특정 물질들은 염증유전자 활성을 자극하여 세포와 조직 손상, 부종, 통증, 기능장애를 야기한다.

---

3. **당화Glycation 유전자들은 혈당조절과 체지방 조절에 관여한다.** 높은 혈당수준, 인슐린 수준의 급상승, 인슐린 수용체의 민감도가 결여되면, 세포와 유전자 수준에서 여러 단백질이 서로 뭉쳐지게 된다. 이로 인해 직접적으로 유전자 활성 또는 유전자 발현과 단백질 합성이 영향 받게 된다. 예를 들면 면역 글로불린이라 불리는 면역계 물질이 당화(당의 화학적 반응)되면 기능이 변화되고, 자가면역 반응이 발생할 수 있고, 전반적으로 면역기능이 감소된다.

---

4. **산화유전자들은 자유라디칼에 의한 손상으로부터 DNA를 보호하는데 필요한 항산화제들의 수준을 조절한다.** 산화적 스트레스는 세포의 외부 및 내부에서 발생된 자유라디칼에 의한 손상 정도를 말한다. 이것은 세포막과 내부 세포 기능은 물론이고 유전자 구조와 기능에도 직접적으로 영향을 미친다.

---

5. **DNA 복구 유전자들은 DNA 손상 복구를 조절하기 때문에 가장 중요한 유전자들이다.** DNA 복구 유전자들은 우리 몸의 모든 세포를 건강하게 유지하고 최상으로 작동시키는데 핵심이 되는 것이다. DNA가 손상되는 것은, 컴퓨터 소프트웨어 프로그램의 상태가 나빠져 정보 해석이 어려워지고 부과된 임무를 제대로 실행하지 못하는 것과 유사하다. 이 중요한 주제는 제 3장에서 자세히 다루고 있다.

활발하게 분열하므로, 노화와 관련된 변화가 일어나는 데는 DNA 복제 과정 시 어떤 문제가 발생했기 때문일 것으로 생각할 수 있다.

그리고 실제가 그렇다. 매일 우리의 DNA에는 구조적 변화가 발생한다. 매일 30,000~70,000번에 이르는 대사과정으로 DNA에 손상이 발생한다는 것을 기억하자. 이들 구조적 변화를 돌연변이라고 한다. 이들 돌연변이 중 대부분은 아무런 영향을 주지 않고 어떤 피해도 일으키지 않는다. 사실, 인간 발달 기간을 통하여 발생한 돌연변이 중 많은 것들은 이득이 되는 것이었다. 그러나 돌연변이 중 어떤 것들은 문제를 야기할 수 있다.

여기서 세포 내 DNA에 발생하는 돌연변이-관련 문제 중 주가 되는 5가지를 알아보기로 하자. 이들 다섯 종류의 돌연변이 중 하나라도 복구되지 않는다면, 질병 또는 조기 노화가 발생될 수 있다.

- 결손 Deletion은 염색체에서 DNA의 일부를 잃어버리는 것을 말한다. 유전자 하나가 결손되거나, 한 유전자의 일부가 결손되면 질병 또는 비정상적인 상태가 발생할 수 있다.| 그림 2.7.|
- 중복 Duplication은 한 개의 유전자나 심지어 특정 염색체 전체를 포함하는 DNA 부위가 그 자리에 중복 복사되어 발생한다.| 그림 2.7.|
- 역위 Inversion는 염색체의 한 부분이 잘라져 위아래가 바뀐 상태로 다시 결합하여 발생한다. | 그림 2.7 |
- 삽입 Insertion은 염색체의 일부분이 떨어져 나와 고리를 형성한 뒤 엉뚱한 자리에 끼어들어가 결합하여 발생되는 변이이다. | 그림 2.8.|
- 전위 Translocation는 하나의 염색체로부터 큰 DNA 조각이 잘려져 나와 다른 염색체에 결합하여 발생한다.| 그림 2.9.|

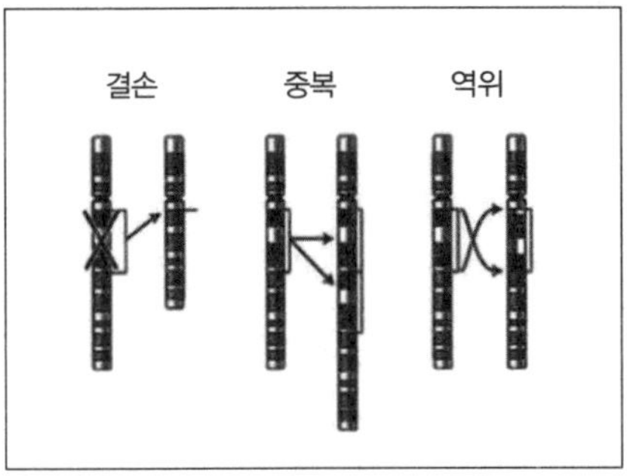

| 그림 2.7. | 결손, 중복, 역위는 질환을 일으킬 수 있는 3가지 유형의 DNA 돌연변이다.

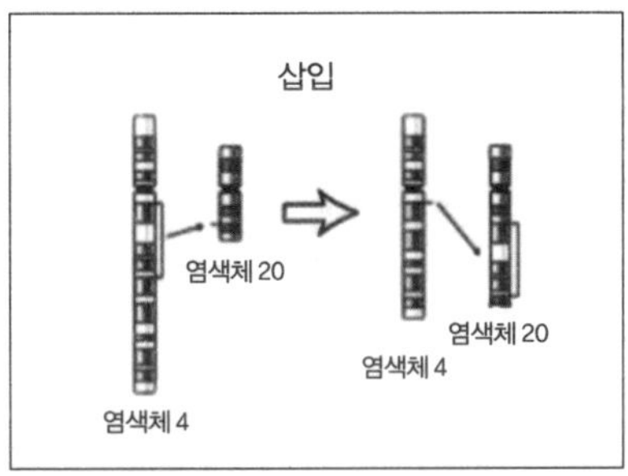

| 그림 2.8. | 삽입이라고 불리는 4번째 유형의 DNA 돌연변이는, 염색체 일부가 잘라져서 고리를 형성할 때 발생한다.

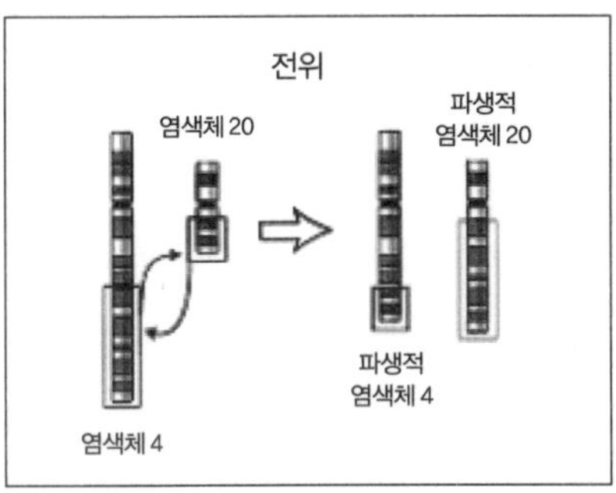

| 그림 2.9. | 전위라고 불리는 다섯 번째 유형의 DNA 돌연변이는 하나의 염색체로부터 DNA 일부가 잘라져 나와 다른 염색체로 이동할 때 발생한다.

세포들은 무엇 때문에 노화되는가?

이 질문에 대한 답은 간단하다. 특정 그룹의 긍정적-건강 유전자들을 이루는 DNA에 손상이 발생되었기 때문이다. 그렇다면 다음 질문은 무엇 때문에 DNA 손상이 발생하는가? 주원인은 우리가 먹은 음식 속에 포함되어 있는 탄수화물, 단백질, 지방이 분해되면서 방출된 자유라디칼 화합물들 때문이다. 건강하지 못한 21세기 환경 또한 DNA에 손상을 가하는 주 기여자이다. 토양 속에 있는 모든 인공 화학물질이 우리가 먹는 식품으로 귀결되고, 우리가 숨 쉬는 공기로 자동차 배기가스와 산업 매연들이 배출됨을 고려하면, 인류는 오늘날처럼 많은 독소에 노출된 적이 결코 없었다. 이들 환경오염에는, 휴대용 무선전화기에서 발사되는 전자파도 포함되며 이것은 DNA 작동방식을 교란시키고 나쁜 DNA 중복 돌연변이를 야기한다(환경독소가 건강에 미치는 결과는 제4장에서 다루고 있다). 현재 우리가 살고 있는 환경은 지난 수백 년 동안 유전적 진화의 바탕으로 삼았던 최적의 환경과는 거리가 아주 멀다. 우리가 원래 의도했던 것과는 아주 다른 행성에 우리는 살고 있는 것이다

부정적 건강 유전자의 활성화

30세 이후 우리 인생의 결정적인 시점에, 자유라디칼에 의한 손상과 여러 환경 독소들이 축적되어 부정적 건강 유전자Negative Health Genes들 즉 암, 알츠하이머 질환, 관절염, 제 2형 당뇨 및 심혈관 질환을 일으키는 유전자들이 활성화된다. 예를 들면, **종양 유전자oncogene**로 불리는, 암을 발생시키는 유전자들은 정상 세포를 암세포로 변형시키는 능력이 있다. 흥미롭게도 우리 몸에는 **종양 억제 유전자tumor suppression gene**라 불리는 종양 성장을 억제할 수 있는 유전자들도 있다. 그러나 부정적 노화 상태에서는, 종양 억제 유전자가 돌연변이 되어 있어 암이 성장하는 것을 억제할 수 없다.

예를 들면, BRCA1과 p53 유전자는 유방암 억제 유전자로 밝혀진 것들이다. p53 유전자는 세포 주기를 정상적으로 조절하고 세포가 손상되는 것으로부터 보호하는 역할을 한다. 이 p53 유전자에 돌연변이가 발생하면 세포는 암과 같은 비정상 상태로 변하게 되어, 유방암이 발생된다. 실제, 유전과 관련된 유방암 특히 젊은 여성에서 발생하는 유방암의 50%는 이 종양억제 유전자들이 돌연변이 되어 있기 때문이다.

첫 번째 항노화 비밀

항노화를 위한 첫 번째 비밀은 "당신이 세포 하나를 건강하게 유지하는 법을 안다면, 여러 개의 세포도 건강하게 유지할 수 있고 좀 더 최적의 상태로 노화될 수 있다"이다. 따라서 첫 번째, 항노화 비밀은, 아래 제시된 세포 수준에 초점이 맞추어진 긍정적 노화 방안을 현실화시킬 수 있는 능력과 관련 있다.

1. 자유라디칼 수준을 제한하거나 감소시킨다. 자유라디칼은 DNA 손상을 일으키는 주원인이다. 과학자들은, 특정 보충제를 섭취하고, 적합한 식품을 섭취하고, 적합한 운동을 함으로서 자유라디칼을 줄일 수 있음을 보여 왔다.
2. DNA 복구를 증가시킨다. 세포 내에서의 DNA 복구기전 상실은, 조기 노화 및 노화-관련 질병의 주원인이다. 과학자들은 긍정적-

노화 라이프스타일을 실천함으로서 DNA 복구를 증가시킬 수 있음을 제시하고 있다.

3. 긍정적-건강 유전자의 능력을 최대로 이용한다. 우리의 항노화 프로그램에서 제공하는 긍정적-건강 유전자들의 효율성 검사를 한 후, 그 결과를 바탕으로 이 유전자들의 효율성을 높이기 위해 생활습관을 교정하고 보충제를 섭취할 수 있다. 현재의 우리는 긍정적 건강 유전자의 능력을 최대로 사용할 수 있음을 과학자들은 입증하고 있다.

부정적 노화를 예방하기 위해 PGH 유전자 변신 프로그램을 오늘 시작하자

다음 장에서는, 유전학, 항노화의학, 영양학, 비타민 및 무기질학, 약용식물학herbology에서 이루어진 가장 최신의 발견들을 통합하여 수립한 "맞춤 유전자 건강법의 유전자 변신"Personal Genetic Health Gene Makeover에 대해서 좀 더 자세히 배울 것이다. 간략히 설명하면, 이 PGH 유전자 변신 프로그램에서는 일단 당신의 긍정적-노화 유전자들을 검사한다. 그리하여 DNA 손상과 자유라디칼 수준에 관한 한 당신 몸 안에서 무엇이 일어나고 있는지 정확히 알게 될 것이다. 당신의 검사 결과를 바탕으로, 당신의 긍정적 건강을 유지하고 퇴행성 질환의 발생 위험률을 감소시키기 위해 섭취해야 할 보충제가 무엇인지 알 수 있게 된다.

여기, PGH 유전자 변신 프로그램이 어떤 효과를 갖는지에 대해서 72세, R여사의 사례가 있다. R여사는, 나(저자)의 강의가 끝난 후 다가와서 말하기를 "선생님 강의가 아주 좋았어요. 아주 일리가 있어 보여요. 그러나 내가 할 수 있는 것이 있을까요? 휴우, 난 72세예요, 나의 DNA는 너무 많이 손상되어 있을 거예요. 난 관절염에, 심장도 약하고, 먹으면 상태가 안 좋아지고 위가 불편해져서 당신이 제안한 식품 중 대부분을 먹을 수가 없어요. 난 가망이 없어요."

난, 그 여자 분에게 의사의 지도하에 PGH 유전자 변신 프로그램을 시도할 것을 권했다. 6개월 후, 난 R여사를 담당한 의사에게서 이메일을 받았다. 그 여자분이 훨씬 더 잘 걷게 되었고, 운동할 수 있게 되었고 관절통이 현저하게 줄었다는 내용이었다. 이 외에도, R여사의 전반적인 기력과 피부가 확연히 좋아졌음도 알게 되었다.

R여사의 담당 의사는, 처음으로 보충제의 위력을 믿게 되었다고 하였다. 그 의사는 PGH 유전자 변신 프로그램이, 유전자 검사에 근거하여 그 여자분에게 필요한 것이 무엇인지를 결정하였기 때문에 프로그램에 대해서 납득 할 수 있었다. 그 의사가 쓰기를 "R여사에서 효과가 좋았다." "왜냐하면 그녀는 일반 대중의 일일 최소 요구량에 근거한 일반 비타민 무기질 보충제를 섭취한 것이 아니라 그녀 자신에게 필요한 것을 섭취하였기 때문이다. 난, 이 PGH 유전자 변신 프로그램이 지금까지 보아온 프로그램 중 환자에게 가장 효과적인 것이라고 믿는다. 왜냐하면 이것은 진정으로 예방의학에 초점을 맞추고 있기 때문이다."

R여사의 사례에서 보듯이, PGH 유전자 변신 프로그램은 효율적인 예방의학의 실천방안을 당신의 손에 쥐어주는 요법이다. 이

프로그램은 현대 의학의 큰 진보이며 당신이 더 오래 더 건강한 삶을 살 수 있는 가능성을 증가시켜 당신의 노후가 진정한 황금기가 되게 할 것이다. 당신은 이 정보를 얻은 최초의 세대이다. 선견지명을 가지고 이 프로그램을 이용하여 당신의 삶을 바꿀 수 있기를 바란다.

3

두 번째 비밀:
생명정보 DNA를 잘못 복사하는 일은 최선을 다해 피한다

당신이 아들을 가르치는 데로, 당신의 아들은 그의 아들을 가르친다. **탈무드**

제2장에서, 우리는 개개 세포 수준에서 노화 과정을 알아보았고, 세포 내에 포함되어 있는 DNA와 유전정보를 최대한 건강하게 유지해야 하는 이유를 알아보았다. 특히 세포 수준에서의 노화를 조절하는 5개 핵심 과정들에 포함된 유전자들을 건강하게 유지하는 것은 매우 중요하다. 앞장에서 제시한 첫 번째 항노화 해법은, 우리가 개개 세포 수준에서 노화를 통제할 수 있다면, 우리 몸을 구성하는 100조 개 세포도 모두 보다 최적의 상태로 노화될 수 있다는 것이었다.

그러나 실제 이 해법이 어떤 방식으로 가능해질까? 답은, 세포들이 자연적으로 낡아져서 교체될 때 **더 나은 세포 복사본을 만들 수 있다**는 것에 있다. 우리가 최선을 다해 피해야 할 일은 생명정보 DNA를 잘못 복사하는 일이다.

이 장에서는, 긍정적인 방식으로 노화될 때 어떤 일이 발생하는지에 대해서, 세포 복제 또는 세포 교체 과정에 초점을 두고 알아보고자 한다.

세포 복제 CELL REPLICATION

일상적으로 세포가 낡아지거나 또는 손상되면서, 세포는 자신의 복제품을 만들어 우리 몸을 항상 재생시킨다. 30세 이전에는, 늘상 일어나는 거의 모든 DNA 손상을 복구할 능력이 있기 때문에 완벽한 세포 복사본이 만들어진다. 이 새롭게 복제된 세포들은 낡고 오래된 세포를 교체하여 그들이 수행해야 할 기능이 무엇이든지 떠맡아 수행한다. 그것이 간세포이든, 심장세포이든, 피부세포이든, 근육세포이든 이러한 세포 재생과정은 몸의 기능을 최적으로 유지하는데 아주 중요하다. 이들 새로운 세포 대부분은 골수에 있는 성체 줄기세포로부터 유래한다. 이것에 대해서는 이장의 뒷부분에서 논의할 것이다.

그러나 30세 이후에는, 세포에 가해지는 손상이 최적으로 복구되지 않게 되며, 해가 다르게 복구 능력이 쇠퇴하기 시작한다. 이와 같이 세포 복제의 질적인 면이 떨어짐에 따라, 다음 세대의 세포는 이전 세포보다 좀 덜 완벽하게 복제되고 DNA에 저장된 유전 정보의 효율성과 기능이 감소 및 손상된다.

제 2장에서 논의한 각 개인의 세포 노화를 통제하는 노화-통제 유전자들 또한 30세 이후에는 덜 최적으로 작동하기 시작한다. 이들 중요한 노화-통제 유전자들의 쇠퇴로 인하여, 우리가 몹시도 싫어하는 노화의 상징인 주름살이 얼굴에 나타나고 피부가 쳐지고 또한, 당뇨, 뼈 및 관절 통증, 체지방 증가, 근육량 감소로 인한 비만 등의 노화 관련 질환 개시가 가속화 된다. 이 과정을 방치하면 21세기에 너무도 일반화된, 조기 노화와 위에 열거한 여러 퇴행성 질환이 발

생된다. 왜 이런 일이 발생하는가? 가장 큰 이유는 대부분의 사람들이 세포 수준에 문제가 되는 생활 방식으로 살기 때문이다. 그러나 제6장에서 논의한 것처럼, 일부 생활습관을 간단히 바꿈으로서 그리고 적합한 기능성 보충제를 섭취함으로서, 상황은 바뀔 수 있다.

서류 복사와의 유사성 : 생명정보 DNA를 정확하게 복사하는 것과 잘못 복사하는 것

DNA 복제 과정의 점진적 쇠퇴는 세포 교체와 직접적으로 연관되어 있다. 제1장에서 설명한 것처럼, DNA 복제 과정의 점진적 쇠퇴는 복사본을 이용해서 또 다른 복사본을 계속해서 만들 때 일어나는 일과 유사하다. 대부분의 사람들은 복사된 것을 이용해서 또 다른 복사본을 만들 때 어떤 일이 일어나는 지 안다. 즉 복사본이 원본으로부터 멀어질수록 내용을 읽기가 점 점 더 어려워진다. 해를 거듭해서 당신의 몸에서 만들어지는 DNA 복제물에 대해서도 같은 개념을 적용하면, 원래의 DNA에 존재하는 유전정보가 결국에는 완전히 잃어버리게 될 것임을 쉽게 이해할 수 있을 것이다.(이 책의 33쪽에 있는 그림 1.2는 DNA 손상으로 인해서 세포 복제가 잘못되는 것을 보여준다)

텔로미어: 세포내 시계

제 2장에서, 조기-노화 질병인 프로제리아와 관련하여 텔로미어를 언급하였었다. 이제, 세포가 복사될 때 염색체의 끝에 있는 조그만 부위인 텔로미어가 어떻게 기능하는지에 대해서 알아보기로 하자. 각각의 세포가 복사될 때(자체적인 세포분열 시계에 따라서), 텔로미어의

원래 전체 길이 모두가 복사되지는 않는다. 따라서 새로 복사된 세포는, 복사시 사용된 전임 세포에 비해서 약간 짧은 텔로미어를 갖게 된다. 그리하여 약 50~80번의 세포 분열 후에는 세포는 자신에게 분열을 멈추도록 신호를 보내고 결국 자신을 교체하지 않은 채 사멸하게 된다.

텔로미어가 짧을수록, 세포는 늙은 것이며, 유전정보의 완벽성은 떨어진다. 가장 최근에 이루어진 중요한 발견 중의 하나는 자유라디칼 및 여러 형태의 산화스트레스들이 텔로미어를 짧게 하여 세포를 훨씬 빠르게 노화시킨다는 것이다. 이러한 일이 발생하면, 손상된 세포는 암세포가 되거나 세포 내의 유전학적 통제 기전에 의해 파괴된다. 기능이 떨어지거나 손상된 세포를 제거하는 우리 몸의 청소 기전을 **세포자살**apoptosis 또는 "계획된 세포 사멸programmed cell death"이라고 한다.

세포자살 Apoptosis : 집안 청소 기전

우리 몸에서 고장 난 세포를 제거하기 위해서는 세포자살이 정확하게 작동해야만 한다. 그러나 아쉽게도, 죽은 세포를 청소하는 이 중요한 과정은 우리가 나이 들면서 너무도 흔히 쇠퇴하기 시작한다. 세포-청소 과정이 쇠퇴함에 따라, 우리 몸에는 건강하지 않으면서 기능이 떨어진 세포 수가 많게 되고, 종양 및 암의 발생에 취약하게 된다. 이것은 다양한 노화-관련 질환과 건강저하의 근본 원인이 된다.

우리가 최적의 노화를 원한다면, 우리가 알아둘 필요가 있고 그것에 대해서 뭔가 조치를 취해야만 하는, 세포자살과 관련하여 잠재적으로 건강에 좋지 않은 영향력을 행사하는 것이 있다. 이것에는 **종양괴사 인자**tumor necrosis factor (TNFα)라 불리는 염증 유발 물질이 포함된다. 이 염증유발 물질은 세포자살을 활성화시키는 신호체계를 촉발시킨다. 이런 일은 당신의 몸에서 매일 수십 억 번 발생하는 일상적인 과정이다. 정말 수십 억 번 발생한다. 그러나 불행하게도 당신의 세포와 TNFα가, 산화 스트레스로 인한 다양한 자유라디칼에 노출되면, 세포와 TNFα의 정상적인 기능은 감소되고 세포자살을 가동시키는 TNFα의 능력은 저하된다. 이 말은 자유라디칼에 노출되었을 때는, TNFα는 더 이상 정상적으로 세포자살을 촉진할 수 없음을 의미한다.

TNFα가 자유라디칼에 노출되었을 때는 또한 세포자살을 감소시키는 **NF-κ B라 불리는 핵 내 인자**를 촉발시킬 수도 있다. 정말로 나쁜 것은, 활성화되었을 때의 NFκB는 DNA 손상, 염증반응, 면역기능 감소를 포함하는 일련의 노화 촉진 사건들을 발생시킨다는 점이다.

위에 열거한 것은 복잡한 사건을 아주 단순화시켜 설명한 것이지만, 화학물질 및 자유라디칼 같은 내적 외적 인자들이 어떻게 우리의 정교한 유전적 균형을 무너뜨리고 세포를 무질서한 상태로 유도하여 조기 노화와 질병을 발생시키는지 보여준다. 그래도 다행인 것은, 이 분야에 대한 우리의 지식이 증가하여, 이 점에 대해서, 기능성 보충제를 섭취(제 6장에서 더 자세히 배울 것임)하는 것과 같이 뭔가를 할 수 있다는 것이다. 예를 들어, 이들 기능성 보충제에 있는 천연 성분 중에는, 기적의 약초로 알려진 남미의 고양이 발톱cat's claw이라는 식물이 있다. 이 약초에 있는 AC-11 성분은 DNA 손상을 감소시키고, 정상적인 세포자살을 촉진하고, 면역기능을 촉진하는 것으로 입증된 것이다. 스웨덴의 룬드Lund대학에서는 10년 이상 AC-11에 대해서 연구를 해 왔고 AC-11의 효과에 대해서 보고하고 있다.

성체 줄기세포

오래된 낡은 세포를 교체하는 새로운 세포를 끊임없이 공격하는 원천은 무엇일까? 세포 노화와 유전학에서의 가장 최신의 연구들은 모두, 세포 재생에서 성체 줄기세포의 역할에 초점을 맞추고 있다. 우리는 도덕적 윤리적 문제를 갖는 배아 줄기세포를 말하는 것이 아니다. 우리의 기관 내에 특히 골수 안에 우리 모두가 갖고 있는 정상적인 줄기세포를 말하는 것이다. 우리가 젊을 때는, 근육, 뼈, 신경계, 소화계, 심지어는 지방 세포를 포함한 여러 조직들이 비교적 많은 수의 성체줄기세포를 보유하고 있다. 이 줄기세포들은, 이들이 포함되어 있는 조직의 세포와 동일한 종류로 변할 수 있기 때문에, 때로 **미분화체세포**undifferentiated somatic cell라고도 한다. 손상되어 죽거나, 재생능력이 소실되거나 기능이 떨어진 세포를 대신할 수 있는 이들 성체 줄기세포를 적당량 보유하고 있지 않은 사람은 오래 살 가능성이 낮을 수 있다.

세포가 손상되거나 낡아지면서, 낡아진 세포들은 우리의 성체 줄기세포에 의해서 정상적으로 교체된다. 전임 세포처럼, 새로 교체된 이 건강한 세포들은 반복적으로 복제 과정을 지속하여 새로운 복제세포를 만들고 그리하여 어떤 조직이든 최고의 수준에서 기능할 수 있도록 한다.

그러나 우리가 나이 들면서, 주로 DNA 손상 때문에 성체줄기세포의 수와 기능 모두 감소하기 시작한다. 성체 줄기세포가 쇠퇴함에 따라 우리 몸의 여러 시스템에는 다음과 같은 일이 발생한다:

- **피부조직** ‣ 피부, 지방, 콜라겐, 엘라스틴이 감소한다.
- **근골격계** ‣ 근육양이 감소한다.
- **내분비계** ‣ 호르몬이 감소한다.
- **신경계** ‣ 중추신경계(기억)와 말초신경계(자율신경계)가 감소한다.
- **비뇨생식계** ‣ 신장기능이 감소한다.
- **위장관계** ‣ 흡수불량이 발생하고 장 누수 신드롬leaky gut syndrome이 생긴다.
- **면역계** ‣ 면역기능이 감퇴하여, 박테리아, 바이러스 감염, 자가면역 반응이 발생한다.

우리가 노화되면서, 우리 몸의 세포를 교체할 성체줄기 세포의 수는 점점 더 감소된다. 이에 더하여, 노화된 세포들은 질이 떨어진 복제품을 만들기 시작한다. 아주 가까운 미래에 행해질 항노화의 목표 및 치료법 중의 하나는 우리의 성체줄기세포를 배양증식시켜 다시 우리 몸 안으로 넣어주는 것이 될 것이다. 이것이 얼마나 효과를 잘 발휘할 지는 성체줄기세포의 DNA에 이미 발생된 손상이 얼마인지에 따라 달라질 것이다.

성체 줄기 세포의 수와 기능 감퇴를 지연시키는 핵심접근법 중 하나는 DNA 손상을 줄이는 것이다. 이러한 일은 다음 장에서 소개될 PGH 유전자 변신 보충제, 적절한 영양 및 운동 프로그램을 따름으로서 가능해진다. 여러 연구자들이, 조직세포로 분화될 성체줄기세포를 배양증식 시키는 방법을 연구하고 있긴 하나, 우리가 행할 수 있는 최고의 방어는 역시 건강한 세포 기능을 촉진하는 삶을 지속하는 것이다.

항노화 요법의 최종 타켓은 DNA이다

이제 당신은, 우리 몸을 이루는 100조 개 세포 각각에 있는 DNA 상태를 탁월하게 유지하는 것이 왜 그렇게 중요한지 이해했을 것이다. DNA에 대해서 알아 두어야 할 첫 번째 핵심 요소는, 당신의 DNA가 건강할수록 당신의 세포 기능이 탁월하게 되며, 당신의 DNA가 건강할수록 5개 핵심 그룹의 긍정적-건강 유전자군을 더 잘 사용하게 되어 당신의 세포 기능이 최적으로 유지된다는 점이다(제 2장에서 논의했음). 두 번째 핵심 요소는, 당신의 DNA가 건강하게 유지될수록, 세포 교체시 DNA 복구 과정이 더 원활하고 더 온전한 세포 복제가 이루어진다는 점이다. | 그림 3.1. |

이제 당신의 초점은 세포수준에 맞추어져 있기 때문에, 아마도 다음과 같은 질문을 할 수도 있다. "지금의 나의 DNA가 어느 정도 손상되었는지 어떻게 알 수 있을까?" "DNA 손상 수준이 감소되는지 따라서 노화가 더 건강하게 일어나고 있는지 어떻게 알 수 있을까?

과거의 항노화 프로그램에서는, 고가의 다양한 혈액검사를 바탕으로 삶의 질적 향상과 최적의 노화를 위해 어떤 보충제 또는 어떤 약물을 사용할 것이며 생활 방식에서는 무엇을 변화시켜야 할지를 판단했다. 그러나 현재는, DNA 손상속도와 자유라디칼 수준이 매우 중요함을 알기 때문에 다음의 두 가지 핵심 화합물의 검사만으로 DNA 손상이 어느 정도 발생했는지 또는 우리의 항노화 프로그램이 얼마나 효율적으로 효과를 발휘하고 있는지 알 수 있게 되었다.

- DNA 손상 정도는 8OHDG라고 불리는 화합물의 수준을 측정함으로서 알 수 있다.
- 자유라디칼 수준은 8-EPI-PGF-2-Alpha라 불리는 화합물의 수준을 측정함으로서 알 수 있다.

성공적 복구	실패한 복구
방사선, 독소, 빈약한 식사 환경이 DNA 가닥을 손상시킴.	방사선, 독소, 빈약한 식사환경이 DNA가닥을 손상시킴
복구 효소 및 단백질이 CAEs와 협력하여 DNA를 복구시킴. 뚜렷한 손상 없음.	복구 효소와 단백질이 실패. 손상이 뚜렷함
온전한 DNA 복제와 세포복제	불완전한 DNA복제와 세포복제
건강한 세포, 질병 없음 = 체세포와 성체줄기세포의 최적 노화	**건강하지 않은 세포, 만성질환 = 체세포와 성체 줄기세포의 노화촉진**

| 그림 3.1. | DNA 복구는 정확한 세포 복제와 최적의 유전자 기능과 관련 있다.

당신의 유전자 보호 지수를 알아보는 두 가지 핵심 테스트

수십 년 전에, 햇빛 속 특정 파장의 광선이 피부를 손상시키고 피부암을 일으킬 수 있다는 것이 처음으로 과학자들에 의해 밝혀지게 되면서, **자외선 차단 지수**sun protection factor(SPF)라는 새로운 용어가 생기게 되었다. 현재는 자외선 차단지수의 의미와 해로운 자외선에 노출됨을, 특히 아이들의 경우 삼가 해야 함을 모든 사람들이 알고 있다. 이것은, 복잡하고 난해한 과학 주제가 결국에는 일반인도 간단히 이해하게 된 좋은 예이다. 이와 동일한 현상이, 이 책에서 사용된 모든 유전학 용어들에서도 언젠가는 일어날 것으로 확신한다.

과학계는, 생활습관이나 환경요인에 의해 발생된 DNA 손상 정도를 측정할 수 있는 두 가지 간단한 검사법을 개발했다. 즉 적은 양의 뇨샘플만으로, DNA 손상 정도와 자유라디칼 수준을 측정할 수 있게 되었다. 이것이 가능한 이유는 세포로부터 떨어져 나와 뇨로 배출된, 손상된 DNA 조각의 양을 8OHDG를 측정함으로서 알 수 있기 때문이다. 자유라디칼 수준은 민감한 세포막에 가해진 손상 정도를 알아봄으로서 결정된다. 즉, 지질의 손상 또는 과산화 정도(8-EPI-PGF-2 Alpha)를 알아봄으로서 자유라디칼 수준은 측정될 수 있다.

우리는 이 두 가지 측정값을 당신의 **유전자 보호 지수**genetic protection factor (GPF)라고 명명했다.(더 자세한 것은 "유전자 보호 지수" 삽입 글을 보기 바람) 당신이 검사 결과를 받았을 때, 당신의 GPF 값이 낮을수록, 세포와 유전자 수준에서 더 건강하게 노화 과정을 밟고 있는 것이며, 세포 복제가 더 온전하게 이루어지고 있음을 의미한다. 이

검사 및 다른 검사에 대한 보다 자세한 내용은 7장에서 다루고 있다. PGH 유전자 변신 검사를 정기적으로 하면서 당신이 경험할 수 있는 큰 즐거움은 DNA 손상 감소와 세포 건강 개선 여부를 검사를 통해 알아봄으로서 당신이 복용하고 있는 보충제, 영양요법, 운동 프로그램이 긍정적 효과를 발휘하고 있는지 여부를 당신이 직접 확인할 수 있다는 점이다.

여기서, 정기적으로 하는 PGH 유전자 변신 검사가 어떤 기능을 발휘하는지, 실례를 통해서 보도록 하자. B씨는 아주 적극적인 사업가로 큰 회사의 대표이사로서 4달 동안 PGH 유전자 변신 프로그램을 수행하고 있었다. B씨는 이 프로그램 이후, 몸 상태가 더 좋게 느껴지고, 기력이 증가한 것 같고, 잠을 더 잘 잘 수 있었지만, 이런 것들이 실제 이 노화 관리 프로그램 때문인지 확신이 서지 않았다.

B씨는 이 프로그램이 실제 효과가 있는지 알아보기 위해 이 프로그램을 시작하기 전에 했던 뇨검사를 반복해 보기로 했다. B씨는 프로그램 시작 전인 4개월 전에 받았던 검사 결과에 비해 이번의 검사 결과에서 DNA 손상과 자유라디칼 수준이 현저하게 감소된 것을 보고 아주 기뻤다.

유전자 보호 지수 GENETIC PROTECTION FACTOR

당신의 유전자보호지수 GPF를 아는 것은 자외선 차단지수나 콜레스테롤 수치를 아는 것보다 훨씬 중요하다. GPF는 DNA 손상율과 자유라디칼 수준으로 나타낸다. 이 두 수치는 당신이 현재 겪고 있는 유전자 손상 정도를 말해준다. 당신의 GPF값은 당신이 어떻게 생활하느냐에 따라서, 어떤 유전자를 물려받았느냐에 따라서 달라지며, 21세기 거친 환경에 의해서도 달라진다. 당신의 GPF가 당신의 건강지수, 웰빙지수, 노화속도를 결정한다.

그러나 의심이 매우 많은 B씨는 아직도 확신이 서지 않았다. 그래서 그는 PGH 유전자 변신 프로그램을 멈추기로 결심하고 그가 처방받은 아침과 저녁으로 복용하는 유전자 복구 전문보충제(6장에서 보다 자세히 설명)를 더 이상 섭취하지 않았다. 그가 경험한 긍정적 효과는 "위약효과"일 수도 있을 것으로 추측했기 때문에, 보충제 섭취를 멈추고 난 후 실제 무슨 일이 일어날지 궁금했다. 또한 그는 우연히 상태가 좋게 느껴진 것일 수 있으며, 예방의학과 최적의 노화를 위한 이 새로운 방법이 실제로는 필요치 않을 것이라고 생각했다.

그가 프로그램을 멈춘 후 약 14일 지나서, 난 B씨로부터 아주 다급한 이메일을 받았다. 뇨검사를 즉시 다시 받을 것과 PGH 유전자 변신 프로그램 보충제를 하루 만에 배달되는 빠른 우편으로 보내달라는 내용이었다. 그는 아주 까라지고, 잠을 잘 못자고, 쉽게 화를 내고, 건망증이 심해졌다고 했다. 그는 검사를 즉시 다시 받았다.

2주 후에 난 B씨의 GPF(유전자 보호 지수) 뇨검사 결과를 받아보게 되었다. 당연하게도, 결과는 이 프로그램을 시작하기 전과 같이 DNA 손상과 자유라디칼 수준이 높게 나왔다. 이 결과를 내 파일에 저장했고 B씨로부터 새로운 소식을 기대하고 있었다. 약 1주 후에, B씨는 새 메일을 통해 언급하기를, 새 검사결과를 보고 PGH 유전자 변신 프로그램을 다시 시작했고 이제 완전히 이 프로그램의 효과를 신뢰한다고 알려왔다. 난 B씨에게 답장을 통해서, 이러한 일은 지난 몇 년간, 많은 환자들에게서 경험한 일반적인 현상임을 말해주었다. 환자들은 이유가 어찌되었든 PGH 유전자 변신 프로그램을 이용하는 것을 종종 멈춘다. 그리고 나면 그들은 다시 준 최적의 건강 상태로 복귀한다. 대부분의 PGH 유전자 변신 프로그램 이용자들은 이와 같은 경험을 하고 나서야 그들에게 맞춤 처방된 보충제를 장기간 열심히 따르게 된다. 또한 그때서야 비로소, 운동이나 올바른 식습관 같은 긍정적 생활 방식으로 변화시키라는 권유도 일상적인 요법으로 적극 수용하게 된다. 생활습관 변화들은, PGH 유전자 변신 프로그램의 효과를 증진시키기 위한 최적의 환경조성에 필수적인 요소들이다. 난 B씨에게, PGH 유전자 변신 프로그램과 함께 긍정적 환경을 조성하는 생활습관을 동반해야지만 우리의 유전자를 최대한 잘 이용할 수 있다고 설명했다.(제 4장에서 긍정적 환경을 위한 생활습관 변화에 대해서 배울 것이다)

최적의 노화 대 가속화된 노화

우리 가족이나 주변 사람들을 둘러보면, 대부분의 사람들은 그들의 실제 나이로 보인다. 그러나 일부 사람들은 그들의 실제 나이보다 몇 년 심지어는 수십 년 정도 젊어 보인다. 외모에서의 이 같은 차이는 생활습관, 식사, 운동, 스트레스, 사는 장소 같은 여러 요소들과 직접적으로 연관되어 있다.

긍정적 노화는 약간의 행운과 함께 단지 좋은 유전자를 물려받은 결과일까? 최근까지는, 거의 다 그랬다. 그러나 지난 반세기 동안의 사람들의 생활 방식을 연구함으로써 우리는 건강 및 장수와 생활 방식 사이에는 아주 뚜렷하고 명백한 하나의 경향이 있음을 알게 되었다. 즉, 생활 방식이 건강할수록 더 오래 더 건강한 삶을 사는 경향이 있었다. PGH 유전자 변신 프로그램의 관점에서 볼 때 긍정적 노화를 밟고 있는 사람이 갖고 있는 가장 중요한 특징 두 가지는:

1. 세포 기능이 탁월하고 유전자 발현이 긍정적이다. 이것은 그 사람이 물려받은 유전자들이 세포 수준에서 효율적으로 사용되고 있음을 의미한다.
2. DNA 손상이 제대로 복구되고 세포자살 과정이 정상적으로 진행되기 때문에 오리지널 세포가 낡아졌을 때 좋은 세포복사본이 만들어지고 그것으로 교체된다. 이것은 그 사람의 세포가 빈약한 기능의 DNA가 아닌 정상적으로 기능하는 DNA를 갖고 있음을 의미한다.

따라서 행운과는 별도로, 생활 방식과 환경적 요소들이 어떻게 각 세포내부에 영향 주는지를 이해함으로써 우리는 생활 방식과 환경을 보다 확실하게 제대로 선택할 수 있게 되며 그리하여 긍정적 노화는 촉진하고 부정적 노화는 피할 수 있게 된다.

4

세 번째 비밀: 유전자만의 문제가 아니다. 당신의 총체적 환경 및 생활 방식이 더 중요하다

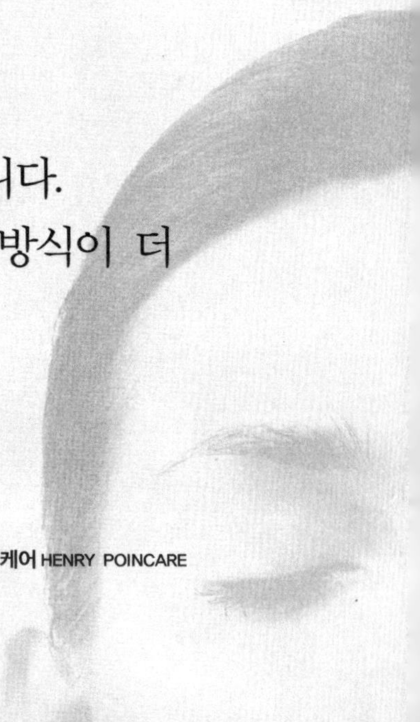

증명은 논리에 의하지만 발견은 직관에 의한다.

헨리 포인케어 HENRY POINCARE

앞 장에서는, 유전자 발현에 다양한 효과를 갖는 내적 요소들을 우선적으로 살펴보았다. 그러나 일반적인 세포 건강 문제로 들어가면, 자연이라는 또 다른 힘이 영향력을 발휘하게 된다. 우리는 이 외적 요소들을 환경 요소로 그룹화 시켰다. 실제, 당신의 유전자와 이 환경 요소들과의 상호 작용은 후생유전학 epigenetics 이라고 불리는 새로운 학문 분야로 부상하였다. 후생유전학에 대해 논의하기 전에, 환경 요소들의 배경이 되는 정보를 살펴볼 필요가 있다. 환경 요소들은 전형적으로 두 유형으로 분류된다: **생체 요소**biotic facotrs **와 비생체 요소**abiotic factors.

생체요소 & 비생체요소

대부분의 사람들이 환경에 대해서 생각할 때, 전형적으로 머릿속에 떠올리는 것은, 바위, 흙, 물, 식물, 공기와 같은 것들이다. 이들이 실제 환경을 구성하는 것들이긴 하지만, 우리가 고려해야만 하는 또 다른 요소들이 있다. 이들 요소들이 무엇인지 이해하기 위해서, 살아있는 것을 다루는 생체요소와 생명이 없는 것을 다루는 비생체 요소의 두 그룹으로 분류하기로 하자. 식물과 동물은 생체요소에 속하면서 우리에게 영향을 미치고 우리 역시 그들에게 영향을 미친다. 예를 들면, 대부분의 알러지는 우리가 들이마시는 공기 중의 생물 또는 벌에 쏘이는 것과 같이 동물에 의해서 생긴다. 온도, 물, 공기의 질quality, 햇빛과 같은 비생체요소들도 살아있는 모든 것들에게 영향을 준다. 인간의 행동 또한 이들 비생체요소에 영향 준다.

생체 또는 살아 있는 환경 요소

우리의 유전자 및 건강과 상호 작용하는 생체 요소의 예에는, 우리가 먹는 식품에 들어 있는 성분들이 포함된다. 이들 식품 속에 있는 성분들은 긍정적 효과를 줄 수도 있고 부정적 효과를 줄 수도 있다. 박테리아, 곰팡이, 바이러스와 같이 우리를 감염시키는 다양한 미생물, 또는 **감염성이 있는 생물학적 제재들**도 생체요소에 포함된다. 미생물 중에는 우리의 장에 서식하는 유익균처럼 우리의 몸 표면 및 내부에서 우호적으로 사는 것들도 있다. 이들 유익균은 때로 해로운 미생물로부터 우리를 보호해주고 심지어는 우리가 필요로 하는 비타민과 몸에 유익한 물질을 만들기도 한다. 우리의 주변에 있는 살아있는 식물들은 우리가 생존하는데 필요한 소중한 산소를 발산하는 생체 요소이다. 우리 주변의 식물 및 동물들이 여러 방면으로 우리에게 영향을 주고 있음을 깨닫기 위해서 많은 예가 필요한 것은 아니다.

이 시점에서, 우리가 생존하기 위해 필요한 식품 공급에서의 문제점을 살펴보자. 70년 전까지는, 대부분의 미국인 식사는 화학물질로 오염되지 않은 건강에 좋은 자연식품들whole foods이 주를 이루었다. 그러나 지난 반세기 동안, 살충제, 인공적 화학비료 및 다른 화학물질들이(초기에는 더 잘 자라게 하고 수확을 좋게 하기 위해서 사용되었음) 우리가 먹는 식품 속으로 유입되게 되었다. 게다가, 점점 더 많은 가공 식품들이 식품가게에 진열되게 되었다. 이 가공식품들은 대체로 영양가가 낮고, 건강에 해롭고, 나트륨 함량이 너무 높고, 탄수화물 함량이 높거나 지나치게 가공되어 있고, 화학첨가제가 많이 들어있으며, 필수 영양소들이 결여되어 있다. 이와 같이, 저장기간은 길면서 값은 싼 식품을 편리하게 만들기 위해 식품 공급에서 큰 변화가 생겼다. 즉, 최적의 영양을 위한 것이 아닌 이윤 추구를 위한 식품으로. 그러나 다행스럽게도, 지난 20년 동안, 느리지만 확실히 더 많은 사람들이 친환경 식품점에서 쇼핑을 하고, 화학 첨가제가 없는 유기농 식품을 먹게 되면서 건강한 식품을 먹는 문화가 재현되고 있다. 이 중요한 영양 주제에 대해서는 부록 A의 유전자-스마트 PGH 유전자 변신 영양란에서 더 자세히 다루고 있다.

비생체 또는 생명이 없는 환경 요소

비생체, 또는 생명이 없는 환경 요소 또한 우리의 유전자 발현과 건강에 영향을 미친다. 비생체 환경 요소에는 우리가 들이 마시는 공기, 물, 인간과 가축이 먹는 식물을 기르기 위해 필요한 토양, 자외선이 강한 햇빛을 포함하는 기후 등이 해당된다.

또한 비생체요소에는 제노바이오틱스xenobiotics라 불리는 생체이물生體異物이 있다. 다이옥신, 폴리클로라이드polychlorides, 바이페닐biphenyls, 암유발 물질들이 이 제노바이오틱스에 속하며, 이들은 살아있는 유기체에는 존재하지 않는 외래물질들이다. 이들은 환경으로 유입되어 인간과 다른 생명체들에게 긍정적으로 또는 부정적으로 영향 미친다.

빛은 또 하나의 주 비생체요소이다. 빛은 지구라는 행성에 생명체가 존재하게 하는 가장 중요한 요인이다. 식물은 광합성이라는 과정을 통하여 햇빛 에너지를 이용하여 자란다. 그러나 빛이 사람에게 주는 직접적인 효과는 좋을 수도 있고 나쁠 수도 있다. 빛이 주는 긍정적 노화 효과에 대한 예는, 햇빛에 노출됨으로써 우리 몸에서 비타민 D 생성이 촉진된다는 점이다. 빛이 주는 부정적 노화 효과의 예는, 해로운 자외선에 과다 노출되었을 때 발생한다. 자외선은 우리 몸에 손상을 야기하는 자유라디칼을 생성시켜 피부노화, 심지어 일부 사람에서는 피부암 및 사망까지도 야기한다.

스트레스 요소

연구자들은 생체요소일 수도 있고 비생체요소일 수도 있는 스트레스요소가, 우리의 건강과 유전자 발현에 매우 중요하게 작용하고 있음을 밝히고 있다. 스트레스는 여러 형태로 주어지나, 나쁜 스트레스가 주는 최종 효과는 대사를 교란시키고 호르몬 균형을 깨뜨리고 부정적 노화를 가속화시키는 것이다. 다른 모든 요소들이 건강을 증진 시킬 지라도, 나쁜 스트레스를 과도하게 받으면 세포 수준에서 건강에 부정적인 결과가 발생된다.

생물로부터 유래된 스트레스 외에도, 기후, 화학물질, 햇빛, 자유라디칼 같은 비생체적 스트레스도 우리 DNA가 작동되는 방식에 영향 준다. 스트레스를 유발하는 심리적인 요소도 매우 중요하며 이 주제에 대해서는 5장에서 다루고 있다.

환경보건학과 후생유전학

환경이 건강에 미치는 영향은 너무도 중요해서, 환경의학environmental medicine이라 불리는 새로운 과가 생겨났을 정도이다. 실제, 미국 국립보건원National Institutes of Health은 이 연구를 위해서 1969년 국립환경보건학연구소라 불리는 새로운 연구소를 세웠다. 이 연구소의 소장인, 슈와츠 박사Dr. David A. Schwartz는 이 새로운 부류의 의학이 우리의 건강에 미치는 중요성에 대해 취임연설에서 다음과 같이 밝혔다: "내과의사이며 과학자로서, 나의 궁극적 목표는, 환경학을 이용하여 사람들이 더 오래 더 건강한 삶을 살 수 있도록 돕는 것이다." 우리 팀은 이 연구소의 사명과 동일한 목표를 갖고 있다. 우리의 목표는 유전자 및 질병 발생과 진행에 환경이 갖는 영향을 이해함으로써 인간이 겪는 불편함과 장애로부터의 고통을 줄여주는 것이다.

유전과 환경 중 어느 것이 우리의 건강에 더 큰 영향을 미치는지에 대한 논쟁은 이제는 무의미하다. 유전과 환경이 서로 연결되어 있다는 것이 새로운 인식이다. 후생유전학은 새로운 학문으로써 생활방식을 포함하는 생체, 비생체 환경 요소가 어떻게 우리의 유전자 발현 또는 유전자 기능과 활성에 영향 주는지를 다루고 있다. 이 학문은, 어떻게 이들 환경 요소들이 우리 몸이 유전 정보를 읽는 방법을 변화시켜 나라는 존재를 만들어 가는지를 다룬다. 다른 말로, 어떻게 이들 요소들이 세포 수준에서 분자 기전에 영향 주어 궁극적으로 우리의 유전자 활성을 조절하는 지를 밝힌다.

후생유전학은 과학 연구에서 가장 활발한 분야 중의 하나가 되어가고 있다. 유전자/환경 간의 상호반응에 의해 나라는 존재 형성과정이 어떻게 영향 받는지를 이해할 수 있었던 것은 일란성 쌍둥이 대상의 연구 덕이었다. 세계 곳곳의 연구자들은, 일란성 쌍둥이가 완전 동일한 유전 정보를 가지고 있지만 그들은 흔히 다르게 보이고, 다르게 기능하고, 다르게 행동함을 관찰하였다. 이 연구를 통해서, 환경이 달라지면 유전자 발현이 달라진다는 것을 알게 되었다.

일란성 쌍둥이를 다르게 만드는 환경 요소에 대한 사례

일란성 쌍둥이에 대한 사례연구는 건강과 장수에 환경이 얼마나 중요한 지를 보여주는 가장 좋은 예가 될 것이다. 이 연구 대상이었던 한 일란성 쌍둥이 형제는, 탄생 직후 따로 떨어져 살다가, 둘 중 하나가 아프게 된 후 우연히 다시 만나게 된 경우이다. 쌍둥이 중 한 사람은 뉴욕시 월가에서 성공한 사업가였고, 이 사람의 사진이 TV쇼에 방영될 때 다른 쌍둥이 형제가 그 사진을 보게 되었다. 다른 쌍둥이 형제는 농부로서 아이다호 주의 조그만 시에서 자랐고 현재도 살고 있다. 아이다호 형제가 보았을 때 TV에 나온 뉴욕의 그 사업가는 얼굴 모습에서부터 특이한 자태까지 모든 면에서 자신의 복제품처럼 동일하게 느껴졌다. 궁금해진 아이다호 농부는 뉴욕의 그 사업가에게 자신의 사진을 보냈고 사진을 본 그 뉴욕의 사업가 또한 매우 놀랐다. 여러 번의 전화 통화 후에, 그들은 직접 만나보기로 결정하였다. 아이다호 농부는 어찌되었든 뉴욕을 가야 할 계획이 있었다.

아이다호 농부는 뉴욕의 사업가를 보고 너무 놀랐다. 그가 만난 사람은 TV에서 본 것보다 최소 20년 더 늙어 보였고 확연히 아파보였다. 뉴욕의 사업가 또한 아이다호 농부를 보고 놀랐다. 아이다호 농부는 20년 전의 자신을 연상시켰기 때문이었다. 지난 이야기를 서로 주고 받고 추적해 본 결과, 그들은 일란성 쌍둥이이며 출생 시 각기 다른 가족에 의해 입양되어 다른 장소에서 살게 되었음을 알게 되었다. TV에 나온 뉴욕 사업가의 사진은 실제 18년 전에 찍은 것이었다.

왜 아이다호 농부는 아직도 그 사진속의 남자처럼 보이는 반면, 뉴욕의 쌍둥이는 최소 20년 더 늙어 보였을까? 답은 간단했다. 두 사람이 동일한 유전자를 가지고 시작했지만, 대도시라는 환경과 과중한 업무 스트레스, 패스트푸드 식습관, 신선한 공기 부족, 운동 부족 등이 뉴욕 사업가의 유전자에 현저하게 다른 영향을 미쳤기 때문이다. 그러한 환경으로 해서 그의 노화 과정은 빠르게 가속화되었고 건강은 악화된 것이다.

정반대의 환경에 놓여진 2개의 동일한 유전자 세트에 대한 이 이야기는, PGH 유전자 변신 프로그램에서 우리가 강조하고 있는 핵심중의 하나를 잘 보여주고 있다. 당신 유전자의 질과 함께 환경이 당신의 건강과 노화 과정을 결정한다. 우리는 유전적 잠재력을 물려받은 것이지 유전적 필연성을 물려받은 것이 아님을 기억하자. 우리 건강의 질은 상당 부분 우리의 손에 달려 있음을 인식하고, 우리의 건강수명과 수명을 극대화하기 위해 최근 이용가능해진 정보를 이용하도록 하자.

환경은 SNPS에 영향 미친다

유전학적으로 보면, 모든 인간은 99.9% 동일하다. 180센티미터의, 금발에 파란 눈의 남자와, 150센티미터의 검은 머리에 갈색 눈의 여성과의 차이는, 우리가 가지고 있는 30,000개 유전자 상에 존재하는 0.1% 차이 때문이다. 1장에서 배운 것처럼, 이들 차이는 SNPs single nuceotide polymorphisms (단일 뉴클레오티드 다형성, 스닙스라고 읽음)에 근거를 두고 있다. 유전자 서열에서 하나의 뉴클레오티드가 변경되었을 때 SNPs가 발생하게 된다. 그러나 어떤 유전자 변이가 전체 인구 중 최소 1% 이상의 사람들에서 존재해야지만 진정한 SNP으로 여겨지고 있다. 가장 최근의 연구는, SNPs가 질병을 일으키는 것은 아니지만, 누군가가 어떤 특정 질병을 발생할 가능성과, 약물, 영양소, 또는 환경 요소에 특별한 방식으로 반응할 감수성을 말해줌을 밝히고 있다.

더 의미 있는 중요한 결과는 알츠하이머 질병에 관한 연구로부터 얻어졌다. 알츠하이머 질환에 걸릴 유전적 성향이 있는 사람에서 실제로 알츠하이머 질환이 발생할지 여부에 대해서는 환경 요소, 주로 생활습관이 결정적 역할을 한다는 것을 이제 대부분의 과학자들은 알고 있다. 이것이 후생유전학 연구의 한 예이다.

알츠하이머와 연관된 유전자 중의 하나인 아포지단백 E apolipoprotein E(또는 Apo E라고도 함)는 SNPs가 어떻게 질병 발생에 영향 주는지 잘 보여준다. 이 유전자에는 실제 두 개의 SNPs가 포함되어 있다. 그리하여 E2, E3, E4의 3가지 유전자 변이체가 존재한다. 대립유전자allele라 불리는 이들 3개 유전자 변이체들은 서로 간에 단지 한 개의 DNA 염기만이 차이나며 단백질 산물들 간에는 단 한 개의 아미노산만이 차이 난다. 각 사람의 Apo E 유전자는 엄마에게서 한 가닥, 아버지에게서 한 가닥을 물려받는다. 여기서 중요한 것은, E4 대립 유전자 변이체를 최소 한 가닥이라도 물려받은 사람은 알츠하이머 질환 발생 확률이 더 높다는 것이다. 놀랍게도, E4 단백질에 발생한 단 한 개의 아미노산 변화는 알츠하이머 질환 발생 확률을 높이기에 충분할 정도로 단백질 구조와 기능을 변경시키는 것으로 믿어지고 있다. 한편, E2 대립유전자를 물려받은 사람은 알츠하이머 질환 발생 가능성이 낮아 보인다. 아포지단백은 알츠하이머 질환과 관련된 유전자의 한 예이며 이외에도 더 많은 유전자가 알츠하이머 질환과 관련되어 있는 것으로 보인다. 그러나 궁극적으로는, 어떤 대립유전자를 가지고 있느냐 보다는, 어떤 사람의 알츠하이머 발생여부를 결정하는 요소는 전체적인 환경, 특히 식사, 영양, 운동이다.(이 주제에 관한 자세한 내용을 위해서는 부록 A와 B를 보기 바람)

심장질환, 당뇨병, 제 2형 당뇨, 암과 같은 대부분의 퇴행성 질환들은 SNPs에서의 다양성에 기인하여 발생될 수 있음을 여러 연구들은 말하고 있다. 다행스럽게도 이들 질병 발생과 관련된 여러 SNPs들은 이제는 검사를 통해 미리 알아 볼 수 있다. 생활습관이 SNPs 변이체를 자극하여 발현시키는데 결정적인 역할을 하기 때문에, 우리의 PGH 유전자 변신법을 따른다는 것은, 긍정적 노화를 성취하기 위해서는 생활습관을 바꾸려는 행동을 취해야 함을 의미한다.

우리들의 유전자에 존재하는 약간의 차이로 해서, 우리는 남과 완전히 다르게 보이며, 각 사람의 노화 과정을 다루는 방식도 달라지고, 섭취해야 하는 특정 보충제와 영양소도 달라지게 된다. 우리 유전자에 존재하는 이 0.1% 차이는 매우 작게 느껴지지만, 바로 이 미세한 차이가, 부모로부터 물려받은 당신의 유전자가 이상적으로 기능하여 최적의 건강을 유지할 지 또는 최적 이하로 기능하여 질병에 취약하게 할지를 결정한다. 이제, 우리는 유전자를 검사할 수 있고, 검사로부터 얻은 정보를 각자에게 득이 되는 방식으로 이용할 수 있다. 즉, 우리는 건강수명 및 수명증가라는 궁극적 목표 달성을 위해, 유전자의 기능을 최적화시킬 수 있는 긍정적 노화 생활방식을 도입할 수 있다.

PGH 유전자 변신 환경

우리의 유전자가 처한 환경이 우리의 노화와 건강을 결정한다는 것을 이제 우리는 안다. 맞춤 유전자 건강법에서 제안하는 환경은

일반적인 환경 정의보다 광범위하며 다음의 4가지 필수 요소로 구성되어 있다:

1. 앞서 논의했던 모든 생체 및 비생체 환경 요소.
2. 생활방식 및 습관. 여기에는 우리의 식사, 운동습관, 스트레스 수준, 우리가 섭취하는 보충제 또는 비타민/무기질 등이 포함된다. 이 주제에 대해서는 다음 장과 부록에서 다루고 있다.
3. 믿음 체계. 우리의 믿음은 우리의 유전자에 영향 준다. 우리의 부모들은 "만약 나의 아버지가 당뇨병에 걸렸으면, 나도 분명히 당뇨병에 걸릴거야" 또는 "내 엄마가 유방암에 걸렸으면, 나도 그럴 가능성이 높아"와 같은 믿음을 갖도록 자라왔다. 연구에 의하면, 이와 같은 부정적 사고과정은 자체가 갖는 예언적 힘에 의해 실제로 질환 발생 확률을 현저히 높인다고 한다. 따라서 긍정적 노화를 위해서는 긍정적 사고로 이루어진 새로운 믿음 체계를 가져야만 한다. 긍정적 믿음의 중요성에 대해 보다 자세한 것은 제5장, 믿음의 생물학을 보기 바란다.
4. 사회적 조건화. 각 세대들은 어떻게 행동해야 하고, 어떻게 보여야 하고, 심지어는 나이 들면서 어떻게 느껴야 하는지에 대해서조차, 텔레비전, 책, 영화, 음악 및 문화의 다양한 면을 통해 조건화된다. 이들 믿음들은 우리의 잠재의식에 각인되어 우리의 유전자가 어떻게 작동할지를 조절하는 요소들이 된다.

우리는 지금까지, 내가 운명의 주인이 아니라 근본적으로 유전

자의 희생자라는 믿음을 갖도록 유도되어 왔다 | 그림 4.1 |. 절대로 그렇지 않음을 이제 우리는 안다. 우리는 미래의 건강과 수명을 바꿀 정보와 파워를 가지고 있다 | 그림 4.2 |.

| 그림 4.1. | DNA에 대한 기존의 보수적 견해는 직선적인 사고를 반영하며, 우리 자신의 세포 건강에 우리가 영향 줄 수 있다는 사실을 반영하지 않는다.

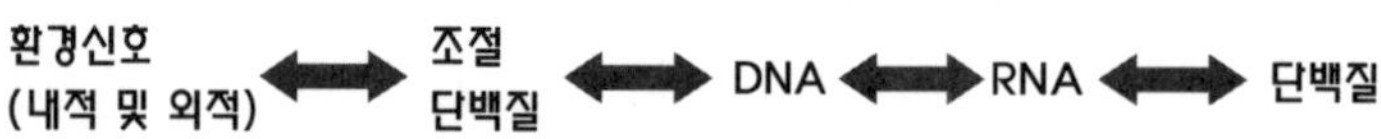

| 그림 4.2. | DNA에 대한 새로운 진보적 견해는 정보의 흐름이 양 방향임을 보여준다. DNA발현은 외부 및 내부 환경 신호와 연결되어 있고, 이들 환경신호들은 DNA를 켜고 끄기 위해 DNA와 항상 상호반응하면서 역동적인 균형 상태를 이루고 있다. 이 모델은, 이 책에서 제시하고 있는 정보를 사용함으로서 우리가 우리 세포 건강에 영향 줄 수 있다는 사실을 반영한다.

PGH 유전자 변신 환경의 또 다른 요소 : 당신의 호르몬

이장에서 지금까지는, 대부분 외적 환경 요소에 초점을 맞추어왔다. 그러나 우리의 건강과 수명에 지대한 영향을 미치는 매우 강력한 내적 환경 요소가 있다. 그것은 바로 호르몬으로서, 복잡하게 얽혀 있는 환경/유전자 조절 과정에 포함되는 물질이다. 우리 몸에서의 호르몬 생성은 노화와 여러 환경요소에 의해 영향 받는다. 예를 들면, 폐경기의 여성과 갱년기의 남성은 노화되면서 줄어드는 호르몬 때문에 많은 영향을 받는다. 갱년기 성인들이 성장 호르몬이나

DHEA같은 젊음 관련 물질을 찾는 이야기를 많이 접했을 것이다. 환경 속에 존재하는 호르몬이나 호르몬-유사 물질들이 우리가 섭취하는 식품과 물로 유입되는 과정에 대해서도 당신은 뉴스를 통해 종종 보았을 것이다. 환경요소와 노화 과정 외에도, 당신의 신체구성과 신체활동 또한 당신의 호르몬 수준에 영향 준다. 예를 들면, 체지방이 많으면 여러 종류의 호르몬들 간에 불균형이 발생하여 건강에 나쁜 영향을 준다. 호르몬 상태가 건강하다는 것은 생활방식과 여러 환경요소에 의해 조절되는 유전자 발현이 건강하다는 신호이다.

당신의 건강과 수명에 영향 미치는 주요 호르몬들에는, 성장호르몬, 테스토스테론testosterone, 에스트로겐estrogen, DHEA, 인슐린, 코티졸, 멜라토닌 등이 있다. 좀 더 최근에는, 렙틴leptin이라고 불리는 체중조절과 관련된 새로운 호르몬이 방송매체의 조명을 받았다. 다음 장에 제시된 맞춤 유전자 건강 프로그램을 따름으로써, 당신의 유전자들을 최적의 상태로 만들 수 있고, 이들 중요한 호르몬들의 생성과 조절에 영향을 주어 건강을 증진시킬 수 있다.

노화에 따른 호르몬 변화

정의상 호르몬은 몸의 분비기관에서 생산되는 물질을 말한다. 이 물질들은 혈류를 타고 이동하여 표적 조직에서 특정 효과를 발휘하고 몸의 기능에 영향을 행사한다. 나이 들면서 변하는 호르몬 상태는 여러 면에서 당신 몸의 구조, 기능, 건강에 영향 주며 또한 체성분에도 영향 미친다. 체성분은, 근육, 뼈, 물에 대한 지방의 양을 말한다. 우리 몸에서 지방을 뺀 나머지 부분을 무지방 체중fat free mass,

또는 제지방 체중lean body mass이라고 한다. 체지방 함량이 높은 사람들은, 고혈압, 뇌졸중, 심장발작, 동맥경화, 제2형 당뇨, 관절염, 암과 같은 노화-관련 질병의 발생률이 높다.

체성분은 생활방식과 환경요소에 의해 영향 받을 뿐 아니라 노화되면서도 변한다. 노화되면서, 체지방은 증가하고 무지방 체중은 감소하는 경향이 있다. 어느 정도의 변화는 피할 수 없지만, 우리는 삶의 방식을 바꾸어 이러한 흐름을 늦추고 더 오랜 기간 더 건강한 상태에 머물 수 있다. 세계 곳곳에서 발견되는 100세 이상 사람들의 공통 특징 중의 하나는 적절한 체성분 또는 적절한 무지방 체중을 가지고 있다는 것이다.

나이 들면서 또는 좋지 않은 생활 방식으로 인해, 호르몬 생성과 균형이 무너지면서, 당신의 체성분과 건강상태에 다양한 변화가 발생한다. 예를 들면, 성장호르몬과 테스토스테론의 생성이 감소되면서, 체지방 함량은 증가하고 무지방 체중은 감소한다. 체지방 함량이 높을수록 인슐린 기능이 감소되고, 동맥 막힘이 증가하고, 렙틴의 식이조절 기능이 상실된다고 알려져 있다.(체성분과 무지방 체중의 중요성에 대해서는 부록 A의 유전자-스마트 PGH 유전자 변신 영양 부분을 보시기 바란다)

주요 호르몬에 대한 고찰

여기서 다음 장에 나오는 일부 주요 호르몬에 대해서 간략히 알아보기로 하자. 젊음과 관련된 호르몬을 생성하고, 호르몬 균형을 건강하게 유지하는 것은 장수와 질병예방에 결정적이다. 우리가 노화되면서도, 좋은 호르몬의 수준은 증가시키고 나쁜 호르몬의 수준을 감소시키는 것이 매우 중요하다. 그림 4.3은 주요 호르몬 분비기관과 이들이 생산하는 호르몬에 대한 요약이다.

- **코티졸Cortisol**은 우리 몸에서 분해 대사가 필요할 때 분비되는 부신 호르몬이다. 그러나 코티졸이 너무 많이 분비되면 과도한 손상이 야기되며 노화가 촉진된다. 혈액내 코티졸 수준은 하루 중 시간대에 따라 상당히 달라지며, 지방 세포에서는 불활성의 코티손cortisone(코티졸의 전구물질)이 활성형인 코티졸로 전환되기 때문에 지방 세포에서의 코티졸 활성은 증가된다. 노화되면서 지방량이 증가함에 따라, 염증 관련 사이토카인과 코티졸 생성량이 증가된다. 스트레스 또한 코티졸 수준을 증가시킨다. 코티졸이 증가되면, 콜라겐과 엘라스틴의 분해가 증가되어 피

노화에 따라 변하는 호르몬

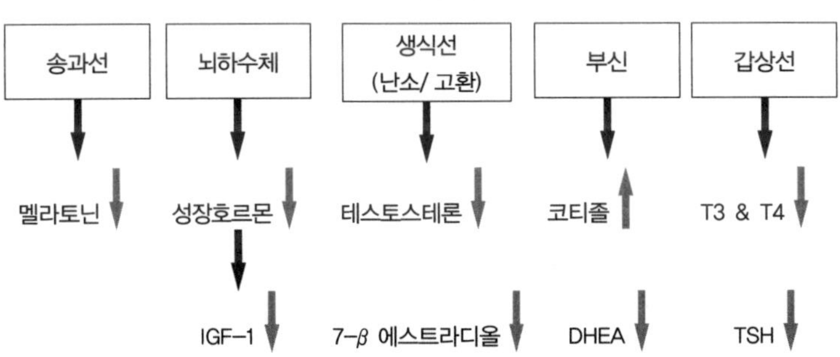

| 그림 4.3. | 노화되면서 변화되는 호르몬과 이들 호르몬을 분비하는 다섯 핵심 분비기관

부에서는 주름살이 야기되고, 관절 근육 뼈에서는 통증이 야기된다. 코티졸이 너무 높아지면 흉선에서의 호르몬 생성도 부정적인 영향을 받는다. 반면, DHEA는 흉선을 보호한다. 코티졸 수준이 높으면, 다양한 육체적 건강문제와 함께 뇌에서는 필요물질이 감소하여 임상적 우울증이 발생할 수도 있다.

- **DHEA** Dehydroepiandrostenone 또한 부신에서 생성된다. DHEA의 수준은 20대에 최대치에 도달한다. 그 이후 점진적으로 감소하여, 노년기에서는 젊은 성인의 10~20% 수준이 된다.

  DHEA는 콜레스테롤로부터 합성되며, 여성과 남성 모두에서 테스토스테론의 전구체로 작용한다. DHEA와 코티졸 모두 부신에서 생산되며 뇌하수체에서 분비되는 ACTH adrenocorticotropic hormone라 불리는 호르몬에 의해서 분비가 조절된다. 노년에서는, ACTH 자극에 의해서 분비되는 DHEA의 양은 감소되고, 반면에 코티졸 분비는 증가된다. DHEA는 면역계 반응을 증가시킨다. DHEA가 결핍되면 남성은 우울증, 낮은 대사율로 인한 체중 증가, 좋은 콜레스테롤(HDL) 수준 감소를 경험하고 여성은 성욕 감소, 면역 감소, 우울증, 낮은 대사율로 인한 체중 증가를 경험한다. 남성과 여성 대상의 연구들에 의하면, DHEA 보충제를 사용하면, 기분 개선, 에너지 상승, 개선된 체형 등을 포함하는 건강 이득효과를 얻게 된다고 한다.

  DHEA가 과도할 때는 여드름, 지성피부, 머리카락 손실, 얼굴에 털, 높은 성욕이 야기된다. 남성에서 DHEA 수준이 과도하게 높게 되면, 에스트로젠 수준이 높아진다.

- **테스토스테론**은, 뇌하수체 호르몬(2종)의 자극을 받은 결과로서, 생식선(고환)에서 생산되는 남성호르몬이다. 에스트로젠이 생산되는 동안에는 여성에서도 테스토스테론이 생산되며, 부신에서도 소량 생산된다. 난포자극 호르몬인 FSH Folicle stimulating hormone와 황체형성 호르몬인 LH luteinizing hormone가 테스토스테론의 생성을 조절한다. 테스토스테론은 남성 체형 형성과 얼굴 수염과 같은 남성적 특징에 필수적인 호르몬이다. 테스토스테론은 성욕 유발과 관계있으며, 근육 생성 및 유지, 지방대사에 관여한다. 또한 피부결, 뼈 건강, 면역 건강, 건강한 정서 상태에도 필수적이다. 테스토스테론이 결핍된 남성은 우울증을 보일 수 있고, 얼굴 수염이 빠지고 체모가 감소되고, 근육양을 유지할 수 없고, 지방을 적절히 연소시킬 수 없다. 테스토스테론이 지나치게 과량일 때에는 성욕이 과도하게 유발되고, 머리카락이 빠지고, 공격적인 행동을 하게 된다. 근육이 적절한 젊은 남성에서 테스토스테론과 에스트로젠의 비율은 약 50:1 정도이다. 이 비율은 나이 들면서 8 : 1 정도로 감소한다. 이러한 감소로 해서 근육과 뼈가 감소되고 복부지방이 축적되어 체성분이 변하게 된다.

- **에스트로젠**과 **프로제스테론**은 생식선(난소)에서 생산되는 여성호르몬들로써, 테스토스테론으로부터 합성된다. 일부 에스트로젠은, 특히 폐경기 이후에는 부신에서도 생성된다. 에스트라디올estradiol, 에스트리올estriol, 에스트론estrone이 에스토로젠을 구성하는 3가지 주요 호르몬이다. 이들은 생리주기, 콜라겐 합성, 뇌기능 및 기억, 뼈, 지방세포대사에 필수적이다. 에스트로젠이 결핍되면, 콜라겐 구조가 빈약하게 되어 피부는 주름지게 된다. 폐경기 이후에는

에스트로젠이 감소되면서 여러 건강문제가 발생된다. 폐경기 여성에서는, 에스트로젠 수준이 낮아지면서, 기억력이 감소되고, 감정 기폭이 심해지고, 화끈거리는 홍조 현상hot flashes, 뼈손실이 발생된다. 과량의 에스트라디올estradiol과 에스트론estrone은 난소, 유방, 자궁의 과도 성장을 야기하며 암을 야기할 수도 있다. 에스트리올estriol은, 다른 두 에스트로젠의 과도한 효과를 저해하는 것으로 보이기 때문에 "보호 에스트로젠"이라고 불린다. 또 다른 여성호르몬인 프로제스테론은 에스트로젠에 의해서 유발되는 물-정체 효과water retention effetcs를 중화하며 새로운 뼈조직 형성을 도와준다. 에스트리올과 같이, 프로제스테론은 에스트라디올과 에스트론의 과도한 효과를 중화하여 균형 잡히게 한다. 또한 뇌를 안정화시키는 효과가 있으며, 두 가지 에스트로젠에 의해서 생기는 불안 증세를 감소시킨다. 프로제스테론이 과도할 때는 코티졸로 전환 될 수 있어 노화를 촉진할 수도 있다. 또한 과량의 프로제스테론은 다낭성 난소 증후군polycystic ovary syndrome을 야기하며 인슐린저항증, 비만, 얼굴에 과도하게 털이 나게 하고, 무배란, 무월경 증세를 야기할 수도 있다.

- **성장호르몬** Growth Hormone은 성장에 관여하며, 체지방과 무지방-체중 간의 균형유지 같은 체 조직 유지에 관여한다. 성장호르몬은 뇌하수체에서 생성되며, 20세 정도에 최대치에 도달한다. 성장호르몬의 체내 농도는 20대 초반에 높게 유지되다가 그 후 매 10년마다 14%씩 서서히 감소하기 시작한다. 성장호르몬은 조직, 기관(근육, 뇌, 피부, 뼈 포함) 및 면역계에 직접적인 효과를 갖는다. 성장호르몬은 간에서 활성형인 인슐린-유사 성장인자IGF-1 insulin-like growth factor(아래 참조)로 전환된다. 성장호르몬은 동화 작용(조직 형성)을 증가시켜 근육을 형성시키고, 뼈밀도를 증가시키고, 피부를 두껍게 한다. 또한 지방 연소를 증가시키고 뇌기능과 면역계를 증진시킨다.

성장호르몬은 항상 분비되고 활성을 띄지만, 성인 시에는 주로 수면 시, 운동 시 및 운동 직후에 생성된다. 뇌하수체 손상으로 해서 성장호르몬이 심하게 결핍된 환자는 흔히 노화되면서 경험하는 사르코페니아sarcopenia(근육양과 근육강도가 감소하는 퇴행성 질환), 복부지방 증가, 체성분 변화를 경험한다. 이들 환자에게 성장호르몬 보충요법을 시행하면, 지방량이 감소되고 근육양이 증가하는 체성분 변화가 발생한다. 그러나 호르몬 보충요법을 하지 않고도, 우리는 특정 보충제를 복용하고, 특정 식품을 섭취하고, 적절량의 운동을 포함하는 자연요법으로 젊을 때와 같은 수준의 성장호르몬을 유지할 수 있다.

- **IGF-1(인슐린-유사 성장 인자)** insulin-like growth factor은 자연적으로 존재하는 호르몬성 성장촉진 물질로써, 단백질합성 및 조직 성장을 포함하는 체내 여러 과정을 촉진한다. 뇌하수체에 의해 활성화 된 간 및 근육 세포에 의해 IGF-1은 생성된다. IGF-1은 화학적으로는 펩타이드(여러 아미노산이 결합된 것)이며 구조적으로는 인슐린과 유사하기 때문에 인슐린-유사 성장인자라는 이름을 얻게 되었다. IGF-1은 세포막에 있는 인슐린 수용체에 결합할 수 있기 때문에, 매우 높은 농도에서는 인슐린과 동일한 효과를 일으킨다. 그러나 IGF-1의 주된 효과는, IGF-1 자신에 특이적인 수용체를 통하여 발생된다. IGF-1이 결합하는 수용체 부위는 자

물쇠-열쇠 조절 체계와 유사하며 IGF-1 분자가 그 수용체 부위에 결합함으로서 효과가 발휘된다.(우리 몸에 있는 다른 호르몬 및 물질들 또한 수용체를 통하여 그들의 기능을 발휘한다.)

간에서 생성된 IGF-1은, 특정 운반 단백질과 결합하여 혈류를 타고 목표 조직에 도달하여 다양한 생물학적 반응을 조절하게 된다. 어린 시절부터 시작하여 일생 동안, IGF-1은 근육조직의 성장과 발달에 중요한 역할을 담당한다. 따라서 노화되면서 IGF-1이 감소되면, 근육양이 감소된다. 그러므로 근육양 유지를 위해서는, IGF-1 생성량을 젊을 때의 수준으로 유지하는 것이 바람직하다.

- **멜라토닌** Melatonin은, 뇌에 위치하고 있는 송과선pineal gland에서 분비되며, 어둠에 의해 분비가 촉진되는 호르몬이다. 멜라토닌은 코티졸과 함께, 우리의 수면과 활동에 대한 일주기성 리듬circadian rhythm을 조절한다. 멜라토닌은 밤에 활성을 띄며 우리의 수면을 돕는다. 반면, 코티졸은 우리를 깨워 일어나게 하고 낮에 활성을 띈다. 멜라토닌은 강력한 항산화제로서 자유라디칼에 의한 DNA 산화를 방해한다. 멜라토닌이 충분히 분비되지 않으면, 수면에 어려움을 겪게 된다. 유방암 환자들의 경우, 멜라토닌을 보충하면 항암제 요법과 방사선 요법에 대한 반응이 더 좋아진다고 한다.

최근에 발견된 또 다른 호르몬으로서 렙틴leptin이 있다. 이 호르몬은 지방 조직에 대한 우리의 이해에 혁명을 일으킨 호르몬이다. 렙틴은 지방세포에 의해 분비되는 호르몬으로서, 뇌에 신호를 보내

식욕과 에너지 수준을 조절한다. 렙틴은 우리 몸이 충분히 먹었을 때 뇌에게 그 상태를 실제적으로 알려주는 호르몬이다. 대부분의 사람들에서, 렙틴 분비량은 체지방 저장량과 비례하기 때문에, 렙틴은 체내 에너지 비축량에 따라 식품섭취량을 조절하는 역할을 한다. 그러나 렙틴 생산과 기능에 문제가 생기게 되면, 심한 비만이 야기된다. 과거에는 지방조직은 단순히 여분의 지방을 저장하는 굼뜬 기관으로 생각했으나, 렙틴의 발견을 시작으로 지방조직은 여러 호르몬을 분비하는 내분비 기관임을 이제 우리는 알게 되었다. 이 외에도 렙틴은 뼈의 무기질 밀도, 면역계, 번식기관에서도 여러 기능을 수행한다.

PGH 유전자 변신과 환경

유전자 조절에서 역할을 담당하는 내적 외적 환경요소의 중요성은, 맞춤 유전자 건강법의 정수이다. 당신의 유전자가 좀 더 긍정적이고 건강한 방식으로 일할 수 있는 환경을 조성하는 것은 누구인가? 바로 당신이다. 그림 4.4.는 맞춤 유전자 건강법이 말하고자 하는 정보를 가장 잘 요약하여 보여주는 방정식이다. 일단, 유전자 검사를 통해, 당신의 유전적 성향을 알게 되면, 당신의 환경을 바꾸기 위해 무엇을 해야 할지 알게 되고, 개개 세포수준에서 전신에 이르기까지 보다 적절한 노화와 더 나은 건강 방향으로의 확률을 높일 수 있게 된다.

유전자-환경 방정식 완성

유전자와, 유전자가 처한 환경이
우리의 건강과 수명을 결정한다.

긍정적 환경 + 최적의 유전자 기능	=	개선된 노화 + 최적의 건강과 최적의 삶의 질

| 그림 4.4. | 유전자와 유전자가 처한 환경이 건강과 수명을 결정한다.

위에 제시된 방정식이 주는 메시지는 심오한 것이다! 당신의 환경, 믿음, 삶의 방식은 바로 당신 자신이 컨트롤할 수 있는 변수들이다. **즉, 당신의 건강을 결정하는 사람은 의사가 아닌 바로 당신이다.** 이제 당신은 노화가 적절하지 못한 이유를 제시할 수 있으며, 세포수준에서의 원인은 치료하지 않고 무시한 채, 증상만을 치료하는 질병상태가 될 때까지 기다려서는 안 된다.

당신은, 원인 단계인 DNA 수준에서 조치를 취할 수 있는 파워를 가진 최초의 세대이다. 이제, 당신의 손에 권한이 주어져 있고, 자신의 건강에 대해 책임질 당신이 해야 할 첫 번째 단계는 맞춤유전자 건강프로그램과 함께 하는 것이다.

정보는 믿음을 바꾸고, 믿음은 습관을 바꾸고, 습관은 생활방식을 바꾸고,
생활방식은 우리의 유전자가 작동하는 방식을 바꾼다.

따라서 방정식은

유전자
\+ **환경**(우리의 믿음과 습관에 의해서 깊이 영향 받음)

건강의 질과 장수

유전자는 단지 가능성 또는 경향성만을 말해줌을 기억하자. 우리가 삶 속으로 끌어들이는 여러 환경요소라는 변수에 의해 우리의 가능성이 변화 또는 개선되며 특정 노화 관련 질병들의 발생 확률이 감소될 수 있다

5

믿음의 생물학: 무엇을 믿느냐에 따라 달라진다

사람의 마음은 일단, 새로운 사고에 도달하면, 원래의 상태로 결코 돌아가지 않는다.

올리버 웬델 홈즈 OLIVER WENDELL HOLMES

제4장에서 우리는, 믿음이라는 힘으로 환경을 바꿀 수 있기 때문에 믿음은 유전자가 단백질을 생산하는 방식을 바꿀 수 있고 그리하여 우리 몸 모든 세포에서 긍정적 및 부정적 효과를 창출할 수 있음을 알아보았다. 이제는, 우리의 믿음이 주는 건강 효과에 대해서, 두 수준에서 알아보고자 한다 :

1. 믿음에 의한 표면적 또는 눈으로 확인 가능한 효과: 즉 믿음이 우리의 행동에 어떻게 영향 주는지에 대한 것.
2. 믿음에 의한 비표면적인 또는 눈으로 확인 불가능한 효과, 또는 에너지와 생각이 물질 특히 DNA에 주는 효과.

제 4장에서, 우리의 믿음이 주는 눈으로 확인 가능한 효과에 대해서

우리는 다음과 같은 방정식으로 정의했었다:

유전자 + 환경 = 긍정적 또는 부정적 건강 및 노화 + 장수

우리의 환경은 다음의 세 가지 서로 상호 연관된 요소들로 구성되어 있고 또한 이들 요소들에 의해 달라진다.

1. 우리의 믿음과 감정 2. 스트레스 3. 생활습관

믿음의 힘

믿음은 환경을 바꿈으로써 우리의 건강에 지대한 영향을 미친다는 개념은 최근의 과학적 사고에서 일어난 대표적인 변화이다. 지난 40년 동안 과학계 정설은 소위 "DNA 제일주의primacy of DNA"였다. 즉, 우리의 DNA와 유전자가 우리의 건강을 결정하며, 사실상 "우리는, 유전자와 그 속에 담겨 있는 유전 프로그램의 단순한 희생자이다"라는 것이었다. 다른 말로, "유전자 세트에 있는 것이라면, 당신은 그것에 대해서 별로 할 것이 없다."는 것이었다. DNA 정보 흐름은 일방통행으로 여겨졌었고, 만약 우리가 이 이론을 믿고 우리의 믿음 체계에 도입했다면 우리는 "유전자의 희생자"가 되는 것뿐이었다.

믿음과 DNA에 대한 "새로운 이론"

지난 몇 년간 부상하는 DNA에 대한 새 패러다임은 과거의 것과는 근본적으로 다르다. "DNA 제일주의" 대신에, "환경 제일주의"가 새로운 견해의 핵심이다. 이 새로운 패러다임에서는, 환경을 가장 중요한 핵심요소로 여기며, 환경이 DNA 변화를 개시하고, DNA 변화에 의해 RNA가 변화되고 차례로 단백질에서의 변화가 발생된다는 것이다. 단백질은 우리의 건강과 노화 과정에 영향을 주는 최종 기여 인자이다.

가장 최신의 유전학 연구에 의하면, 정보는 우선적으로 환경에서부터 흐르기 시작하며, 그것에 의해 DNA, RNA, 단백질이 영향받고, 최종 만들어진 단백질은 다시 정보에 영향을 주거나 또는 RNA와 DNA에 영향 준다고 한다. 따라서 정보의 흐름은 일방통행이 아니라 양방통행이 되는 것이다. 94쪽의 | 그림 4.2 |

이 새로운 개념은 가히 혁명적이라 할 수 있다. 왜냐하면 "유전자 발현 양상에 의해 결정되는 당신의 건강과 노화 양상은 상당부분 당신에게 책임이 있다."를 말하고 있기 때문이다. 이 정보를 가지고 우리가 무엇을 할지가 핵심이다! 행동이 필요하다. 우리들 중 많은 사람들이 이 새로운 개념으로 그동안의 삶에 대해 불편한 죄의식을 느낄 수 도 있다. 다만 마음이 불편한 것은 변화를 위한 서곡임을 기억하자.

정보는 우리의 믿음 체계에 영향 준다. 우리는 끊임없이 텔레비전, 휴대용 컴퓨터palm pilots, DVDs, 인터넷을 통해 새로운 정보를 추구하며 이 매체들을 통해 세계의 거대한 정보 흐름에 연결되어 우리가 무엇을 생각하고 어떻게 생각할 지를 변화시킨다. 또한 우리는 이 새로운 정보들을 이해할 수 있는 방법을 찾기도 한다. 이러한 이유로 우리는 4장에 제시된 방정식을 다음과 같이 확장시켰다.

유전자 + 환경

(환경은 정보에 의해 달라진다. 왜냐하면 정보는 믿음을 바꾸고, 믿음은 습관을 바꾸고 습관은 행동을 바꾸고, 행동은 우리의 환경을 바꾸기 때문이다)

= 긍정적 또는 부정적 건강과 노화

이 방정식의 본질은 매우 심오한 것이다. 당신의 믿음 체계와 당신이 이용하기로 한 또는 이용하지 않기로 선택한 정보에 의해 당신의 환경이 달라질 수 있음을 의미하기 때문이다. 당신의 건강은 당신이 책임지는 것이지 의사가 책임지는 것이 아니다. 이제, 당신은 노화의 원인이 무엇인지 말할 수 있으며, **질병의 본질**은 무시하고 치료하지 않은 채 **증상**만을 치료하는 구시대적 치료를 받기 위해 아플 때까지 기다릴 필요가 없다.

믿음의 힘을 보여주는 사례

생각의 힘이 실제적으로 유전적 질환까지도 되돌려 놓을 수 있음을 보여주는 1950년대의 한 유명한 임상사례가 있다. 이 임상 사례는, 몸에 난 악성 사마귀warts에 관한 것으로서, 피부가 거칠고 가죽 같은 피부 결을 가진 한 소년에 관한 것이다. 알버트 메이슨 박사Dr. Albert Mason는 이 소년의 끔찍한 피부 상태를 치유하기 위해 최면요법을 시도하기로 결정했다. 메이슨 박사는 최면상태에서 그의 팔이 치료되기 시작한다고 말한 뒤 딱 일주 후에 소년의 팔은 확실히 개선되기 시작했다고 1952년 <영국 의학지*British Medical Journal*> 에서 밝혔다.

이야기는 여기서 끝나지 않는다. 소년을 피부 이식법으로 치료하려다 실패한 외과의사에게 메이슨 박사가 소년을 다시 데려갔을 때 소년의 상태에 대해 중요한 점이 드러났다.

그 외과의사는 메이슨 박사에게, 그 소년의 사마귀는 더 이상 극단적인 악성 케이스가 아니라고 말했다. 소년의 피부 상태는 선천성 어린선 형태의 홍반성 피부염ichthyosiform erythrodermia | 옮긴이주 : 유전적으로 케라틴이 과다 생성 또는 정체되어 각질층이 비후된 것 | 이라는 유전질환에 기인된 것이었다. 메이슨 박사의 최면은 불가능하다고 여겨지는 소년의 유전적 피부 장애를 소년의 마음이 갖는 치유의 힘을 이용하여 바꿔 놓은 것이었다. 마음이 주는 치유 능력에 대한 이야기는 세계 곳곳에서 여러 시대에 걸쳐 발견된다. 몸의 건강을 증진하기 위해 정신요법을 사용할 수 있다는 사실에 서구 의료계는 이제 막 눈뜨고 있다. 2003년 필립 쉰펠트 박사Dr. Philip Shenefelt는 다양한 피부질환에 대해 최면, 인지-행동법, 바이오피드백biofeedback등의 치료 효과를 요약하여 <피부과치료*Dermatologic Therapy*>라는 잡지에 보고하였다. 이 보고에서 마음의 힘을 이용한 치유에 잘 반응한 질환의 예에는, 여드름, 단순포진herpes simplex, 건선, 빨간 코rosacea 등이 있다. 불안으로부터 시작해서 고혈압, 암에 이르는 다양한 질환으로 고생하는 사람들에서 명상, 영성, 기도에 의해 건강이 개선되는 것을 보여주는 훌륭한 연구들도 많이 있다.

감정 : 생각이 집중된 형태

『우주, 과학, 형질전환 *Space, Science, and Transformation*』이라는 연구에서, 스탠포드 대학의 틸러 박사Dr. William Tiller는, 사람을 대상으로, 생각의 집중된 형태인 감정이 DNA에 직접적으로 어떤 영향을 미치는 지에 대해 연구하였다. 연구에 참가한 대상자들에게, 물에 잠겨있는, 인간 DNA를 함유하는 시험관을 손에 들고 있게 하였다. 그 상태에서 그들이 사랑했던 누군가를 떠올리며 사랑스럽고 애정어린 생각 즉 긍정적인 감정을 가지게 하였다. 그런 다음 시험관에 있는 DNA를 면밀히 분석한 결과 실질적으로 그리고 임상적으로 모양이 변한 것으로 나타났다. 즉, DNA가 풀려져 있었다. 그것은 세포 내에서 유전자가 활성화 될 때 일어나는 것과 동일한 변화이다. 세포 내에서 유전자가 활성화 될 때는 DNA 주위에 있는 조절단백질들이 DNA를 느슨하게 풀고 열어 놓으면서 유전자가 켜지게 된다.

같은 대상자들에게, 이번에는 그들이 싫어하거나 증오하는 누군가를 생각함으로서 부정적인 감정에 초점을 맞추게 한 뒤 DNA를 다시 분석하였더니, 꽉 조인 나선구조를 하고 있었다. 즉, 세포 내에서 유전자가 억제되고 활성이 저해되었을 때와 유사한 반응이 일어났다.

틸러 박사가 수행한 추적 연구에서는, 연구에 참가한 대상자들이 이번에는 시험관을 손에 들지 않고 대신 다른 쪽 방에 놓고, 3미터 떨어져 있는 시험관에 긍정적 감정을 가지고 집중하게 하였다. 이번에도 시험관을 손에 들고 실행했을 때와 정확하게 동일한 효과가 발생하였다. 이 결과는 우리자신의 감정은 물론이고 타인의 감정도 우리의 건강에 영향 미칠 수 있음을 보여주는 증거가 된다.

연구 결과의 의미가 함축하는 바가 커서, 의학계에서는 아직 이들 증거를 완전히 받아들이고 있지는 않지만, 열린 마음의 연구자들은 우리의 생각과 감정이 우리의 유전자에 영향을 미치고, 우리 자신의 건강은 물론이고 심지어 우리 주변 사람들의 건강에도 영향 미칠 수 있음을 의심하지 않는다.

믿음은 에너지이다

우리의 믿음은 단지 생각으로 그치지 않는다. 믿음은 본질적으로, 감정과 정보에 기반한 전자기장electromagnetic fields (EMFs)이다. 40년 전쯤에 출판된 한 연구에서는, 전자기장이 주는 에너지 신호와 생체 내 분자들이 주는 화학신호 간의 정보 전달 능력을 비교하였다. 호르몬, 신경전달물질, 성장인자와 같은 물질들이 주는 물리적 신호보다 전자기장이 주는 에너지 신호가 정보 전달에 있어 100배 더 효과적이었다.

최근의 연구에서는, 전자기장 정보를 기록하여 지구 반대편에 있는 한 실험실로 인터넷을 통해 이메일로 보낼 수 있었다. 지구 반대편 실험실에서는 이메일로 받은 전자기장을 세포에 노출시켰고 세포는 마치 물리적인 물질들을 실제로 첨가했을 때처럼 반응하였다! 세포 생물학이라는 세계에서, 이제 전자기장은 여러 다른 유전자들을 켜거나 끄는데 사용되어, 약물 첨가 없이도 의약품에 의해 발생되는 것과 유사한 단백질 변화를 일으키는데 사용되고 있다. 분명히, 의료와 약물에 대한 현재의 모델시스템은 이들 새로운 발견을 도입할 필요가 있다.

이제 우리가 알게 된 것처럼, 믿음은 우리 몸의 가장 깊숙한 수준, 즉 DNA에 영향을 미친다. 만약, 우리가 느끼는 방식과 노화되는 방식을 바꾸기 위해, 우리의 건강과 능력에 대해 긍정적인 생각과 감정으로 삶을 채운다면, 우리는 운명과 삶의 질까지도 바꿀 수 있다. 우리는 원인 수준인 DNA을 건드릴 수 있는 능력과 정보를 가진 최초의 인류이다.

스트레스

스트레스는 우리 모두에게 부정적인 영향을 준다. 스트레스마다 영향 정도는 다르다. 스트레스는 우리 자신의 생각, 다른 사람의 행동, 직장 업무나 일상적인 매일의 삶, 식품, 물, 공기 중의 화학물질과 같이 여러 형태로 주어진다. 스트레스와 건강과의 관계에 대해서 이해하고, 스트레스를 줄이려는 행동은 우리의 맞춤 유전자 건강접근법에서 중요한 부분을 차지한다.

스트레스란 무엇인가?

스트레스는 삶의 일상적인 부분이며, 일정량의 스트레스는 생존하기 위해 반드시 필요하다. 실질적인 위험 또는 생각으로 감지된 위험상황에 우리가 처해 있을 때, 스트레스는, 우리 몸에서 도주-

또는-투쟁 반응flight-or-fight response을 불러 일으켜, 위험상황에 적절히 반응할 수 있게 한다. 도주-또는-투쟁 반응은, 인슐린과 코티졸(2가지 스트레스 호르몬)을 급격히 상승시켜 잠재적 위험 상황에서 우리가 벗어날 수 있게 한다. 또한 스트레스는 박테리아, 바이러스들의 공격에 대해서도 방어 체계를 갖추도록 돕는다. 상상으로 위협을 느끼거나 과거의 좋지 않은 사건을 떠올리기만 해도, 상처나 감염시와 동일하게 심한 스트레스 반응이 발생한다. 이것에 대한 예로서는, 미 국립보건원 연구자들이 밝힌 어린 시절 경험한 정신적 상처와 성인시의 우울증 사이에 존재하는 연관성을 들 수 있다.

현대사회에서 스트레스의 주된 근원은, 빡빡한 스케줄로 인한 시간 압박, 끊임없이 주어지는 흥분자극제들, 차분히 생각하지 못하게 하거나 반복적으로 생각해야 하는 상황들이 차지한다. 우리는 종종 다수의 일을 동시에 처리해야만 하는 상황에 처하기도 한다. 다수의 임무를 동시에 수행할 때는 현재의 순간에 머무를 수 없고, 그러한 상황은 호르몬 수준 주로 코티졸 수준에서 미묘하지만 만성적인 변화를 일으킨다.

또한 우리는 무례함, 분노, 격정, 소음, 혼잡, 고립, 배고픔, 위험, 감정 폭발, 정신적 상처, 감염과 같은 여러 스트레스 요인에 자주 노출된다. 직장 출 퇴근하는 것과 같은 일상적으로 반복되는 일들과 우리 주변에 산재되어 있는 감염원에 노출되는 것을 통해서도, 실질적인 위험이 올 수 있다. 우리들 대부분은 이와 같은 일상적인 스트레스 요인들에 대해서는 잘 인식하고 있지만, 아래와 같은 환경적 스트레스 요인에 대해서는 그렇지 못하다.

현대의 우리는, 전자파, 각종 수술기구, 방사선(x-레이)에 노출되어 있고, 물, 식품, 공기, 각종 세제, 매연, 살충제, 스프레이 속의 독성 물질에 노출되어 있다. 가장 흔하게 접하는 전자파는 헤어드라이어, 핸드폰, 무선 전화기, 전기담요, 무선 통신매체 등에서 온다. 컴퓨터 모니터는 뒤에서 전자파를 발사하기 때문에 최소한, 1미터 정도 떨어져 앉아야 한다.

핸드폰은, 가족과 동료와의 긴밀함 유지에 필요하기 때문에 현대사회에서는 누구나 사용하고 있지만, 핸드폰 사용은 매우 위험할 수 있다. 스웨덴 룬드 대학의 의학박사 리프 샐포드Leif Salford, M.D.는, 『환경과 건강 전망*Environmental Health Perspectives*』에 발표한 그의 기념비적인 연구에서, 핸드폰에서 방사되는 양의 1/6을 하루 2시간씩 50일 동안 사춘기 쥐에게 노출시켰더니 쥐 뇌세포의 2%가 죽었거나 또는 2%의 뇌세포가 죽어가고 있었다고 하였다. 샐포드 박사는, 전화를 짧게 하거나, 손이 필요하지 않는 핸즈-프리hands-free 장치를 사용하여 전자파에 노출되는 것을 줄일 것을 제안하고 있다.

오늘날의 삶은 정신적 스트레스를 끊임없이 유발하여, 우리에게 인위적인 투쟁-또는-도주 반응을 불러일으킨다. 금속 산업 회사에 근무하는 812명의 남성, 여성을 대상으로 30년간 추적 연구한 핀란드 연구자들은 스트레스가 가장 높은 업무 종사자들은 스트레스가 낮은 업무 종사자들에 비해 심장발작으로 죽을 확률이 2배 이상 높았음을 발견하였다. 또한 기여도가 낮게 평가(낮은 봉급, 사회 인정도 결여, 직장 기회 낮음)되는 것으로 느끼는 사람들은 치명적인 심장발작에 걸릴 가능성이 2배 반 더 높았다.

스트레스가 높은 업무와 저평가된 업무 둘 다 심장발작으로 인한 사망률이 증가되는 공통점이 있지만, 이들 두 그룹의 근로자들에서 발생된 대처 기전에는 흥미로운 차이가 있었다. 스트레스가 높은 업무 종사자들은 콜레스테롤이 상승되어 있었고, 반면에 업무 만족도가 낮은 사람들에서는 체중증가가 발생되어 있었다. 이 두 상태 모두 코티졸 상승으로 인한 것들이나, 스트레스-높은 업무의 경우에서는 대사적 불균형이 발생되었고, 반면에 업무 만족도가 낮은 그룹에서는 인슐린 불균형이 발생되어 있었다. 업무만족도가 낮은 그룹에서는 과식을 유도하는 뇌의 화학물질 교란 발생 가능성도 있었다.

생명에너지, 스트레스, 호르몬

당신 몸은 수 조 개의 세포로 구성되어 있으며, 각 세포는 특정 주파수의 에너지로 진동하는 분자들로 이루어진 미세 우주이다. 세포들은 진동하고, 서로 충돌하고, 서로 상호작용하면서 세포대사를 수행하고 에너지를 교환한다. 당신이 건강할 때는, 세포간 에너지 전달이 부드럽고 조화로우며, 당신의 전체 몸은 활력 또는 생명력으로 알려진 역동적인 에너지 흐름에 공명한다.

생명에너지 흐름에 대해서는 수천 년 동안 인식되어왔다. 고대 중국에서는 그것을 **기**라 불렀고 인도에서는 **프라나**라 불렀다. 좀 더 최근에는 시그문드 프로이드Sigmund Freud가 그것을 **리비도libido**라 하였고 헨리 벅슨Henri Bergson은 **엘란바이탈elan vitale**이라 하였다. 대부분의 서구 사람들은, 우리의 생명력은 우리 몸 내부 에너지에 국한된 것으로 생각하지만, 전통적으로는 우리 존재는 외부 환경 및 몸 밖의 에너지 근원과 상호작용하는 것으로 인식해 왔다. 결론적으로, 우리는 환경으로부터 에너지와 활기를 끌어 쓸 수 있고 또는 차단할 수도 있다. 그것은 우리가 매일 연습하는 하나의 선택이다.

생명 에너지가 낮고 우리가 아픈 것에 대해서 전통의학은, 우리 몸 내부와 외부 환경 사이의 에너지 균형이 깨진 것으로 여겨 왔다. 따라서 치유는 에너지 흐름이 막힌 것을 해결하는 것에 중점을 두었다. 세포 수준에서 에너지 전달은 어떻게 이루어지고, 스트레스는 그 과정에 어떤 영향을 미치는가? 이에 대한 대답은 코티졸 호르몬과 연관되어 있다.

제 4장에서, 우리는 성호르몬을 포함하여 여러 가지 호르몬에 대해서 논의하였다. 우리 몸에서의, 호르몬 분비는 단계적 과정에 의해 아주 정확하게 조절 된다. 이 장에서의 주관심은 스트레스가 코티졸에 갖는 효과이다.

스트레스는, 시상하부Hypothalamus -뇌하수체Pituitary -부신Adrenal (HPA)축으로 알려진 뇌 부위를 활성화시켜, CRF 인자corticotrophin -releasing factor 라는 코티코트로핀 방출 인자를 포함한 여러 펩타이드를 분비시킨다. 이들 펩타이드는, 스트레스에 따른 신경내분비(호르몬)반응, 면역 반응 및 행동 반응에서 중심 조정자 역할을 한다. CRF는 특별히 부신과 관련되어 있으며, 부신-활성화 펩타이드인 ACTH adrenocorticotropic hormone를 자극하여 코티졸과 글루카곤이 분비되게 한다. 코티졸과 글루카곤은 행동을 변화시키고, 다양한 펩타이트의 분비를 촉발시키고, 소화와 같은 자율신경계 기능을 변화시킴으로써 스트레스 반응을 주관한다. 또한 코티졸과 글루카곤은 뇌와 근육에서 포도당과 산소가 이용되는 방식을 바꾸어 우리로

하여금 위험상황에서 벗어날 수 있게 해준다.

코티졸과 글루카곤 외에도, 부신은 신경전달물질인 에피네프린(아드레날린)과 노르에피네프린(노르아드레날린)을 분비한다. 이 두 신경전달물질은 뇌를 자극하여, 우리 모두에게 익숙한 투쟁-또는-도주 반응을 활성화시킨다. 지금까지의 이 모든 분자들의 분비과정은 감염이나 상처로부터 우리를 보호하여 생명을 구하는 일련의 과정들이다. 그러나 만성적으로 스트레스를 받게 되면, 우리 몸은 지속적으로 높은 경계상태에 머물게 되어 건강과 장수에 필요한 우리의 생명에너지를 고갈시킨다.

글루카곤은 스트레스와의 투쟁에 참여하는 분자들을 위해 근육조직이 포도당으로 전환되는 과정을 가속화시켜 쉽게 이용할 수 있는 에너지 급원을 제공한다. 포도당 과잉 공급은 궁극적으로는 체중증가를 야기하고 부적절한 인슐린 반응을 일으킨다. 스트레스가 없는 기간에는, 글루카곤 인슐린 간 균형이 이루어져, 혈당은 적절하게 유지되고, 세포 내로의 혈당 유입은 촉진되고, 단백질이 근육으로의 전환과정은 촉진된다. 그러나 스트레스가 높을 때에는, 글루카곤/인슐린 균형이 무너지면서 단백질 분해가 증가 된다. 높은 코티졸 수준은 이러한 단백질 분해 효과를 강화시킨다. 이보다 더 나쁜 높은-코티졸 효과는 노화 촉진이다.

코티졸과 노화

코티졸은 전신 모든 세포와 중추신경계에 작용하여, 우리의 생명을 유지 보존하는데 필요한 방어보호 기작을 활성화시키는 절대적으로 필요한 호르몬이다. 그러나 코티졸이 지속적으로 상승되면, 호르몬, 면역, 뇌, 신경기능이 교란되면서 일체의 항상성이 무너지게 된다. 예를 들면, 스트레스가 높은 상황에서는, 단기간의 기억에 착오가 발생하고, 식욕이 영향 받고, 면역계가 약해진다. 스탠포드 대학의 새폴스키 박사Dr. Robert Sapolsky는 만성적으로 코티졸이 상승되었을 때, 현저하게 뇌세포가 손상되고 면역세포가 퇴화됨을 보여 주고 있다. 스트레스 상황에 처해 있을 때 감기나 다른 질환에 얼마나 취약한지 당신은 알 것이다.

스트레스가 지속될 때는 피드백 루프feedback loop라는 정교한 과정을 통해, 증가 상태에 있는 특정 신경전달물질, 호르몬 및 펩타이드들은 스트레스의 지속적인 존재를 뇌에 경고함으로써 부신으로 하여금 더 많은 코티졸을 분비하게 한다. 이러한 기전은 우리가 육체적으로 위협 받는 상황 또는 미생물의 공격을 받을 때는 지극히 유용한 것이지만, 꽉꽉 막힌 고속도로에 갇혀 있을 때는 아무런 소용이 없는 것이다. 궁극적으로, 높은 코티졸 수준은 부신에서의 코티졸 저장고를 고갈시키고 스트레스 사이클이 끊임없이 반복되게 하여, 최종적으로 부신 탈진과 만성질환을 야기시킨다.

코티졸은 노화-촉진 호르몬이라는 별명을 가지고 있다. 코티졸의 주기능은 상처시 염증반응을 감소시키는 것이고 약물 코티손은 그러한 목적으로 사용되어 왔다. 그러나 불행히도 우리가 노화되면서, 코티졸 수준은 필요 이상으로 상승한다. 우리의 생활방식이 스트레스가 높을수록, 우리의 식습관이 안 좋을수록, 코티졸 수준은 더 높아진다. 높은 코티졸 수준은, 아래 제시된 노화 관련 주요 요소들과 직접적으로 연관되어 있다:

- 피부, 관절, 뼈, 근육조직에서 콜라겐과 엘라스틴 분해
- 신경계 손상
- 기억 상실과 인지 기능 감소
- 면역기능 감소로 인한 감염성 질환에 대한 민감성 증가
- 염증 관련 물질 증가
- 지방대사 장애로 인해 중성지질 증가, 총콜레스테롤 상승, 좋은 콜레스테롤 / 나쁜 콜레스테롤의 비율 감소, 비만
- 체액 정체와 고혈압
- 호르몬 기능 감퇴
- 인슐린 수준 증가로 인한 당에 대한 욕구 증가
- 알러지, 천식, 관절염으로 인한 염증반응 증가
- 주름, 여드름, 건선, 지루성 피부, 탈모 등의 피부문제

높은 수준의 코티졸은, 성장호르몬, 인슐린, 갑상선-촉진 호르몬, 성호르몬을 포함하는 여러 호르몬들의 기능을 변경시킨다. 신경전달물질과 신경 펩타이드들 또한 달라진다. 면역계는 이 화학물질들이 주는 신호를 받아 다시 중추신경계로 보낸다. 면역계에서 뇌로의 신호전달 과정에는 뇌에 직접적으로 영향 주는 사이토카인이라 불리는 조그만 단백질이 포함된다. 이러한 소통의 결과, 면역반응, 염증반응, 통증 인식이 변하게 된다. 이러한 이유로, 만성적인 스트레스는 질환, 주로 두통과 몸에 통증을 야기한다. 위에

서 열거했듯이, 스트레스와 높은 수준의 코티졸은 또한 여드름, 지루성 피부, 탈모, 피부 노화, 주름살 같은 피부문제를 야기한다. 게다가, 스트레스는 생리증후군, 폐경기 증후군, 성욕감퇴, 불임과 같은 생식관련 문제도 일으킨다.

만성적 스트레스시는 또한, 스트레스 반응에 관련된 분자들의 활동을 위해 에너지 생산이 증가되면서, 미토콘드리아에서는 자유라디칼 양이 폭증된다. 당신의 몸은, 특히 영양상태가 양호하지 않은 경우에는, 높은 스트레스 상황에서 발생된 막대한 양의 자유라디칼을 중화할 수 없다.

사이토카인은 염증반응의 중요한 중재자이다. 일부는 염증반응을 증가시키고 일부는 저해시킨다. 사이토카인은 또한 단백질 분해(이화)와도 관련된다. 스트레스 호르몬처럼, 일부 사이토카인, 특히 TNFα tumor necrosis factor-alpha(종양성장을 촉진하고 DNA 복구과정을 저해함)는 근육단백질을 감소시키고 C-반응성 단백질과 같은 염증성 단백질의 합성은 증가시킨다. 스트레스는 당신 몸의 단백질, 탄수화물, 지질, 유전자들에 손상을 가함으로써 당신을 노화시킨다.

스트레스는, 코티졸, 염증성물질, 자유라디칼은 증가시키고, 성호르몬은 감소시킨다. 이 모든 변화는 염증을 야기하는 사이토카인 그룹의 생성을 증가시킨다. 낮은-등급의 염증은, 심장질환, 제2형 당뇨, 치매, 노화촉진을 포함하는 모든 만성질환의 토대가 된다.

생활습관 바꾸기 : 스트레스를 조절하기 위한 새로운 생활습관

당신의 유전자를 보호하는 최선의 방법은 스트레스 조절법을 이용하는 것이다. 당신의 믿음 체계 내에서 당신에게 가장 적절하다고 판단되는 방법을 선택하면 된다. 당신의 모든 세포는 육체적 수준 및 에너지 수준에서 조화로운 멜로디로 서로 통신하고 있음을 이제 당신은 안다. 당신의 세포들에게 긍정적 감정이라는 건강한 메시지를 보냄으로써 당신은 세포들의 음악연주를 도울 수 있다.

새로 시작되는 하루에 대해 깨어 있자

아침에 눈 뜬 후 당신 몸에 몇 분만이라도 집중해 보자. 당신이 어떻게 느끼는지 보고 밤새 당신의 세포들이 한 일에 대해서 감사해 보자. 당신이 잠자는 동안, 세포들은 에너지를 저장하고, 낮에 일어난 손상을 바쁘게 복구시킨다. 호르몬 수준은 12시간 주기를 따라 변하며, 펩타이드와 효소들의 수준도 마찬가지로 그렇다. 따뜻하고 안락한 당신의 잠자리에 대해서 감사하고, 당신의 건강에 대해서 감사하자. 새로 시작되는 하루를 반갑게 맞이하고 당신의 웰빙을 증가시키는 긍정적인 일들에 대해서 생각하자.

만성적인 통증이 있다면, 아침에 눈 떴을 때, 마약과 같이 진통역할을 하는 엔도르핀을 증가시키도록 당신 뇌의 통증 센터에 메시지를 보내자. 긍정적 이미지의 건강을 만들어가도록 노력하고 장애를 극복하는 법을 위해 노력하자. 깊은 호흡을 몇 차례 하고, 팔 다리가 쭉 펴지도록 스트레칭을 하고, 그리고 나서 잠자리에서 나오자.

호흡을 깊숙이 그리고 천천히

고대 및 현대의 치유법에는 올바른 호흡법을 수행하는 공통점이 있다. 명상, 요가, 기공, 태극권, 필라티스(요가와 춤을 혼합한 일종의 운동) 등은, 하단전(기공), 제3 차크라(요가), 또는 핵심 부위(필라티스)로 공기를 끌어들이는 것의 중요성을 말하고 있다. 배꼽 뒤에 있는 이 부위를 에너지 또는 불fire 센터라 한다.

이 에너지 센터에 닿기 위해서는, 하복부 근육을 팽창시키면서 공기를 척추 아래쪽으로 끌어내려야 한다. 이렇게 하면, 뒷부분의 갈비뼈를 사용하여 폐에 공기를 채울 수 있게 된다. 대부분의 사람들은, 갈비뼈를 몸 앞으로 내밀면서 호흡을 깊이 들이마신다. 그렇게 하다 보면 어깨에 긴장이 증가된다. 그러나 하복부 근육을 팽창시키는 호흡은 어깨에 긴장을 유발하지 않아 자연스런 자세가 되게 한다.

코로 깊이, 천천히 들이마시고, 입을 약간 벌린 상태로 천천히 공기를 내 보낸다. 솜털 같은 민들레 하얀 씨를 입으로 불어 날릴 때처럼 입술을 약간 오므린다. 이와 같은 깊은 호흡을 하루를 지내면서 자주 한다. 하얀 맑은 구름이 당신 코로 들어오고 검은 회색 구름이 입 밖으로 나가는 것을 상상하면서 한다. 이와 같은 깊은 호흡을 할 때마다 매번 3-4번 반복한다. 마지막 호흡에서는, 들이 마실 때, 내쉴 때 모두 하얀 구름이 들어오고 나가는 것을 상상한다.

매일 명상하자

명상이란 무엇인가? 그것은 간단히 말하면, 한 생각과 다음 생각 사이의 시간 간격을 확장시키는 것을 배우는 것이다. 그 간격이 길수록, 더 긴 명상이 된다. 명상은 몸/마음을 치유하고 회복시키는 과정으로서 수세기 동안 수행 되어 왔고 습득 되어 왔다. 모든 고대 치유법은, 내 안의 본질과 연결시키기 위한 방법으로써 그리고 몸의 강력한 치유능력을 활성화시키기 위한 방법으로써 명상을 사용했다.

명상은 전통적인 치유사들에 의해 기도의 한 방편으로 개발되었지만, 전인의료holistic medicine에서는 영성과 종교적 믿음과는 별개로 하나의 치유법으로 사용하고 있다. 명상은 우리의 감정을 육체 안의 분자들과 연결시키는 방법임을 현대 과학은 입증하고 있다. 명상은 뇌파를 변화시켜 다른 차원의 의식에 접근 할 수 있게 함을 과학자들은 제시하고 있다. 예를 들면, 불교 승려들이 명상 할 때나, 수도승과 수녀들이 기도 중일 때는, 그들 뇌의 인식 센터(후방 상부 두정엽)가 놀라울 정도로 낮은 뇌파 활성을 보인다. 명상은 대개 알파파와 세타파를 증가시켜 코티졸이 감소되게 한다. 2005년 <뉴욕과학회 연감 *The Annals of the New York Academy of Science*>에 발표된 부셀W. C. Bushell의 연구에서는, 식이 제한과 함께 명상을 하면 사람의 건강수명이 증가될 수 있음을 보여주고 있다. 버지니아 파버에 있는 몬로 연구소Monroe Institute에서 수행된 지암파파 박사Dr. Giampapa의 연구에서는, 명상은 염증은 감소시키는 반면, DHEA와 멜라토닌 같은 중요 호르몬은 증가시킴을 보여주고 있다.

마음을 차분하게 하는 것은 우리의 평안함과 우주와의 일체감을 증진시켜 오늘날과 같이 바쁘게 돌아가는 세상에서 강력한 의료수단이 될 수 있다. 최상의 명상 효과를 얻기 위해서는, 처음에는 지도자의 도움을 받을 것을 권한다. 명상지도는 여러 헬스클럽, 건강관련 전문가, 여러 명상 센터에서 지도 받을 수 있다. 일단, 기본 테크닉에 익숙해지면, 일상적으로 명상할 수 있는 조용한 자리를 찾거나 만들면 된다.

매일 스트레칭 하자

명상 후에, 십분 정도 스트레칭을 하자. 스트레칭법에 대해서는, 체조, 요가, 태극권, 기공을 포함한 여러 책에 나와 있다. 일부 예를, 부록 B, PGH 유전자 변신 항노화 운동란에 제시하였다. 만약 아침에 운동한다면, 운동 바로 전에 스트레칭하기 바란다. 이 장에서 배운 호흡법은 운동시에도 유용하다.

하루를 준비하자

하루를 계획하기 전에, 당신 자신에 대해 좋은 느낌의 시간을 갖자. 그런 다음, 매일 반복되는 아침 시간을 최상의 상태로 시작하자. 하루 일과 중 일어나는 스트레스 사건들을 중화할 수 있도록 당신의 마음, 호르몬, 면역계를 연결시키자. 아래에 제시되어 있는 몇몇 활동들을 실제로 하게 되면서 당신의 창의력이 가동되기 시작함을 알게 될 것이다. 많은 사람들이, 문제 해결 또는 창조적 아이디어가 샤워하는 동안 갑자기 떠오르는 것을 경험한다. 운동이 이들 아이디어를 떠오르게 한다. 아침 식사 하는 동안 그리고 당신이 문밖으로 나올 때 아이디어가 무르익게 하자. 출퇴근 시간에 음악을 듣고 영감을 주는 테이프를 듣고 전철 안에서 책을 읽자. 핸드폰 사용, 특히 운전 중에 사용하는 것을 자제하자. 하루를 보내면서 여러 다른 일들을 마주하면서도, 항상 스트레스를 조절상태에 있도록 하자.

이완하자

이완은 당신 자신을 차분하게 하고 스트레스와 긴장으로부터 당신을 자유롭게 하는 과정이다. 이완은 당신 세포의 치유능력에 접근하는 또 다른 항노화 기법이다. 우리의 경험을 바탕으로 볼 때, 깊은 이완은 염증, 불안, 근육 긴장과 같은 여러 노화 징후를 완화시키는데 탁월한 효과가 있다. 이완은, 우리가 스트레스에 직면했을 때, 생명이 위태로울 때 우리의 생명을 구하는 구원자가 될 수도 있다. 깊은 이완은 긴장을 완화시킴으로써, 혈액 순환과 호르몬 균형을 촉진하고 치유과정을 촉진한다.

이완하는 법을 배우는 것은, 명상 시 배우는 것처럼, 현재의 순간, 즉 지금에 머무는 법을 배우는 것이고, 끊임없이 시끄럽게 요동치는 마음의 흐름을 멈추는 법을 배우는 것이다. 에카르트 톨Eckcart Tolle이 쓴 『현존의 힘*The Power of Now*』이라는 책에는, 시끄러운 마음의 흐름을 멈추는 법과 21세기 삶에 만연된 긴박한 시간압박으로부터 탈출하는 법을 배울 수 있는 내용이 들어있다.(아래 제시된 | 그림 5.1 | 참조)

일상의 스트레스를 극복하기 위한 계획

우리는 스트레스를 유발하는 사건에 매일 매일 노출될 것임을 안다. 따라서 스트레스에 대처할 계획을 갖도록 하자. 예를 들면 스트레스를 완화시키기 위해, 하루 중 중간 중간 잠깐의 쉬는 시간을 내어, 깊은 호흡, 스트레칭, 이완, 명상을 하자. 그렇게 함으로써, 당신의 건강수명을 늘이고 당신의 삶의 질을 높일 수 있을 것이다. 이들 항-스트레스 기법을 사용함으로써 일상적인 어려움에서 오는 스트레스를 감소시킬 수 있다. 스트레스 상황에 직면해야 하면, 미리 깊은 호흡을 지속해서 반복한다. 이 정도로 쉬운 것이다. 실제, 당신이 스트레스를 덜 받을수록, 당신 주변에는 스트레스를 덜 받은 사람들이 모이게 된다.

심신 Mind-Body 접근법

과거 ← **시간압박** → 미래

스트레스를 제거하기 위해

연구결과: 코티졸 ↓ DHEA ↑ — **현재** 에 머뭄 — 스트레스 감소

명상 기법은 뇌기능의 균형을 돕는다.
뇌기능의 균형은 젊은 건강한 뇌에서 보여지는 것이다.

| 그림 5.1. | 명상기법은 마음을 조용히 가라앉히고 뇌기능을 증진시킨다.

건강에 대한 전인적 견해

당신이 믿고, 생각하고, 느끼는 모든 것은 당신의 유전자에 지대한 영향을 주며 그리하여 당신의 건강, 몸매, 체성분, 기분, 감정에 영향 주게 된다. 고대 치유사가 알았던 것, 즉 우리는 물리적인 세계 속에서 상호작용하는 육체적 존재 그 이상임을 드디어 21세기 의학은 받아들이고 있다.

6

맞춤 유전자 건강법의 기능성 보충제 :
하루 한 번의 영양제는 잊자
21세기 항노화 영양은 바로 이것이다!

만약 내가 이렇게 오래 살 줄 알았다면, 난 내 자신을 더 잘 돌보았을 것이다.

조지 번스, 코메디언, 101세에

제1장에서, 항노화 프로그램은 물론 보충제를 둘러싼 대중들의 혼란에 대해 논의 했었다. 실제 대부분의 사람들에게는, 아직도 혼란이 지배적이며, 보충제 섭취에 대한 훌륭한 조언을 쉽게 받아들이지 않는다. 건강 유지를 위해서는 "하루 한번once-a day" 영양제를 섭취하면 되는 것으로 방송매체에 의해 수백만의 사람들이 세뇌되어 있다. 그러나 그것이 당신의 노화를 최적의 상태로 진행시킬 수 있을 것인가? 답은 "전혀 그럴 수 없다"이다.

영양 구성단위

우리는 낡은 세포나 손상된 세포를 새로운 세포로 교체할 때 필요한 구성단위를 공급하기 위해서 먹는다. 우리가 섭취한 탄수화물은 세포에게 에너지 또는 연료를 공급하고, 단백질은 DNA 합성을 돕는 아미노산, 호르몬, 효소에 대한 기본 골격을 제공한다. 지방은 세포막과 세포 수용체에 대한 기본 물질을 제공한다. 이들 다량 영양소macro-nutrients와 함께, 비타민 및 무기질 같은 미량 영양소, 식물추출물, 효소, 세포 복구 화합물 등이 필요하다. **우리가 먹는 비타민과 무기질의 양과 종류에 따라서 유전자 활성이 증가될 수도 있고 감소될 수도 있으며 그리하여 세포 노화가 촉진될 수도 있고, 지연될 수도 있다.** 우리가 노화되면서, DNA 기능과 세포 복구를 최적으로 유지하기 위해서는 특정 영양소의 양을 증가시킬 필요가 있다.

이들 필수 미량 영양소는 우리의 유전자에 작용하여 유전자가 어느 정도의 효율성으로 작동할지를 조절한다. 이들 미량 영양소는 직접적인 또는 간접적인 기전을 통해 유전자 활성을 켜기도 하고 끄기도 한다. 제 4장에서 논의한 것처럼, **후생유전학**이라고 하는 유전자 조종에 관한 완전히 새로운 학문이 지난 몇 년 사이에 발생했다. 후생유전학에서는 우리 유전자의 작동효율성을 조절하는 화합물들에 대해서 연구한다.

우리들 모두는 필수 영양소를 결핍시키는 식습관을 가지고 있다. 일반적으로, 우리가 섭취하는 식품 속에는 건강에 나쁜 정제 탄수화물과 포화지방이 과도하게 많이 포함되어 있다. 더 중요한 것은, 우리는 종종 나쁜 유형의 탄수화물과 지방을 섭취한다는 것이다. 또한 우리는 DNA가 최적의 상태로 작동하는 것을 방해하고 실제로 세포를 손상시키는 인공 방부제, 호르몬, 화학물질에 늘상 노출되어 있다. 이들 부정적 환경요소들은 DNA에 작용하여 DNA

기능을 손상시킨다. 그리하여 각 세포는 훨씬 빠르게 노화되고, 빈약한 복사본을 만들게 된다.

현재의 영양권장량은 충분하지 않다

미국 국립과학원의 의학연구소The Institute of Medicine in the National Academy of Science는 식이섭취에 대한 모든 권장사항을 만들기 전에 상당 양의 과학적 증거를 조사한다. 식품과 보충제 라벨에 표시되어 있는 영양 정보란에 적혀있는 영양권장량Recommended Dietary Intake (RDI)은 건강한 사람을 위한 가이드라인이며 절대적인 것이 아니다. 최근에는, 전문가로 이루어진 위원회가 구성되어 미량 영양소의 요구량에 대해 재고하였고 그 결과, 최적 섭취량과 상한 섭취량이 수립되었다. 그러나 이 새로운 기준치도 적절한 식사를 하는 평균적인 건강한 사람을 기초로 이루어진 것이고, 항노화라는 효과를 주지는 못한다. 사실상, 최근에서야 과학계 내부에서도 식사만으로는 좋은 건강을 유지하기 위해 필요한 모든 미량영양소를 공급할 수 없을 것이라는 견해를 수립하였다.

더욱이 식품에는 세포를 손상시키고 DNA 손상을 야기하는 방부제, 비료, 조리시 발생하는 화학적 부산물들이 들어 있다. 따라서 우리는 영양소 결핍 질환을 예방하기 위해 필요한 최소 섭취량이 아니라 이들 부정적 요인들까지 고려하여 보충제가 필요한 것이다. 질환이 없는 것이 최적의 건강 상태를 의미하는 것은 아니다. 세포 수준에서, 최적의, 긍정적 노화를 위해서는 보충제 섭취가 필요하다. 이러한 견해는 2006년 <미국 임상영양학회지*the American Journal of*

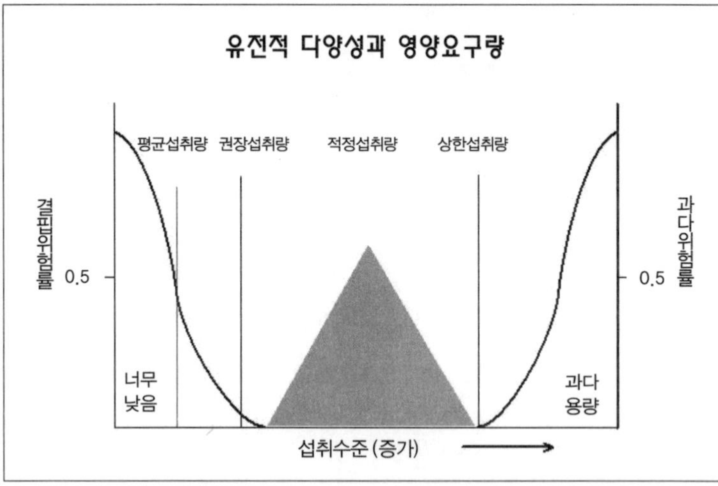

| 그림 6.1. | 2006년 발표된 한 임상 연구에서는, 권장섭취량보다 더 높은 용량으로 보충제를 복용함으로써 유전적 다양성이 최적으로 조정될 수 있음을 보여주고 있다.

Clinical Nutrition>에 보고된 유전적 다양성과 영양소 요구량에 대한 임상연구 결과에 의해서도 입증되고 있다. | 그림 6.1. | 참조

왜 우리는 핵심 보충제가 필요한가

일단 우리가 대략 30세에 도달하면, 우리의 소화관은 최적의 상태로 식품을 소화시키는 능력이 떨어지기 시작한다. 또한 노년층 사람은 영양소 흡수력도 감소되어 있을 수 있다. 위장 외에도 간과 같은 기관들은 영양소의 체내 이용에 중요한 역할을 수행한다. 노화되면서, 간 기능이 감소되기 시작하면, 우리가 섭취하는 식품의 소화, 흡수, 이용률이 떨어진다.

노화에 의한 것이든, 질병에 의한 것이든, 우리는 비타민, 무기질,

보조인자 들을 식품으로부터 끌어 쓰는 능력이 떨어지게 된다. 심지어 우리가 섭취하는 식품으로부터 탄수화물, 단백질, 지방을 끌어내어 쓰는 능력까지도 감소된다. 이에 대한 전형적인 예가, 비타민 B12의 흡수와 이용에 결정적인 역할을 하는 소화효소의 감소로 인해 발생되는 비타민 B12 결핍이다. 노화되면서 우리 자신과 우리의 유전자는, 본질적으로, DNA 복구와 세포 복제를 가장 높은 수준에서 수행하기 위해 필요한 화합물들에 굶주리게 된다. 그러므로 우리의 식사를 정확하게 보충하지 않으면, 유전자는 최대 능력으로 기능을 수행할 수 없으며, 우리가 처한 거친 환경에서 고통 받는 DNA 손상을 복구할 수 없다. 뛰어난 영양학자인 에임스 박사Dr. Bruce Ames는 2002년 출간된 기사에서 말하기를, 필수 비타민과 다른 영양소들의 결핍에 의해 야기되는 DNA 손상은 방사선 노출에 의해 야기되는 손상과 정확하게 동일하다고 하였다. 정상적인 정신을 가지고 있는 사람 중에 어느 누구도 자신을 방사선에 의도적으로 노출시키지 않을 것이다: 핵심 기능성 식품을 섭취하는 것을 의도적으로 거부하는 것은, 자신을 방사선에 노출시키는 것과 같은 효과를 일으키는 것이다.

영양소는 유전자 기능에 영향 미친다

맞춤 유전자 건강법에서 제시하는 영양에 대한 새로운 모델은 영양권장량식의 생각을 뛰어넘는 것이다. 영양권장량식의 접근법에서는, 필수 영양소의 최소 섭취, 즉 국가적 수준에서 영양소 결핍 질환을 예방하거나, 발생률을 줄이기 위한 양이 목표이다. 이 영양

권장량 접근법은 현대 영양학이 막 시작된 1940년대에는 일부 장점이 있었지만, 오늘날에는, 필수 영양소에 대한 일일 최적 섭취량 개념도 포함하고 있지 않은, 명백히 시대에 뒤진 개념이다. 최근의 연구들은, 영양소 결핍질환의 예방뿐만 아니라 신체기능을 향상시키고 건강을 증진시킬 수 있는 양으로 필수영양소를 섭취해야 한다고 말하고 있다.

영양소와 유전자 발현과의 상호관련성에 대한 최근의 이해를 바탕으로, 우리의 PGH 유전자 변신법에서는 필수 영양에 대해 새로운 모델을 수립하게 되었다. 식품과 보충제 형태로 당신이 섭취하는 영양소는 3가지 면에서 유전자 발현과 활성에 직접적인 효과를 줄 수 있다:

1. 유전자 활성을 직접적으로 켜거나 끈다.
2. 유전자가 조절하는 대사경로에 포함된 효소 활성을 변화시켜 대사경로를 증진시키거나 감소시킨다.
3. 유전자가 만드는 최종산물 즉 단백질에 작용하여 유전자의 기능을 더 효율적이게 또는 덜 효율적이게 한다.

위와 같이 새로이 발견된 영양소들의 기능들을 고려할 때, 왜 새로운 항노화 프로그램에서는 보충제 섭취를 의무사항으로 요구하고 있는지 쉽게 이해할 수 있을 것이다. 즉 영양소는 유전자의 발현, 유전자 기능, 대사과정을 조절하여 우리의 건강 및 수명을 증가시킬 수 있다는 가장 최신의 정보를 통합시킨 항노화프로그램에서 보충제 섭취는 필수사항이다.

다섯 핵심 항노화 세포과정에 필요한 보충제들

세포노화에 결정적인 영향을 주는 5개 핵심 세포 과정과 밀접히 관련되어 있는 유전자들과 대사과정들을 효율적으로 조절하기 위해, 모든 세포는 영양소들과 여러 보충제가 필요하다. 여러 연구에 의하면 이 5개 핵심 세포 과정은 칼로리 제한에 의해 긍정적인 영향을 받는 것들이다. 이들 중요한 5개 핵심 과정은 다음과 같다:

1. 메틸화 Methylation ‣ 염색체에 메틸 그룹을 첨가하는 과정은, 유전자의 작동 정도를 조절하고 실제로 변화시킨다. 더 중요하게는 유전자가 켜지거나 또는 완전히 꺼지게도 한다. 유전자들의 비정상적인 메틸화는 심혈관 질환, 호모시스테인 상승, 암, 부적절한 DNA 복구 등과 관련 있다.
2. 염증 Inflammation ‣ 세포 안 밖 모두에서, 특정 염증관련물질이 상승되면 정상적인 세포 기전이 저해된다. 이러한 현상은, 일반적인 노화-관련 관절염, 뼈 관절통, 심혈관질환, 조기 뇌 노화, 알츠하이머 질환, 기억 상실을 겪는 환자에서 볼 수 있다.
3. 당화 Glycation ‣ 당화는 혈당수준과 체지방 수준을 조절하는 한 방식이다. 만약, 불완전한 유전자로 인해 이 중요한 기능이 손상되면, 단백질, 효소, 호르몬들이 당으로 코팅되어, 효율이 낮아지거나 기능을 아예 잃어버리게 된다. 이러한 현상은 당뇨병에서 발생한다.

4. 산화 Oxidation ▸ 각각의 세포는 그 자신의 내재intrinsic 항산화제, 즉 식품으로부터 유래한 것이 아닌 우리 몸이 자연적으로 만드는 항산화제를 생산한다. 이 내제 항산화제들에는 슈퍼옥사이드 디스뮤테이지superoxide dismutase, 캐탈레이즈catalase , 글루타치온 과산화효소glutathione peroxidase등이 포함된다. 이 3개 핵심 내재 항산화제는 세포 내 에너지 생산 장소인 미토콘드리아에서 만들어지며, 최전선에서 자유라디칼 공격을 방어한다. 자유라디칼은 DNA를 손상시키기 때문에 종양, 암 발생 및 노화와 관련된다.
5. DNA 복구 ▸ 아마도 노화에서 가장 핵심적인 요소는, 우리가 물려받은 유전적 프로그램(DNA에 존재)에 발생되는 손상을 복구할 수 있는 능력일 것이다. DNA 이중나선 구조에 뒤엉켜 결합하는 (DNA 부가생성물) 방부제와 화학물질은 물론이고 DNA를 지속적으로 폭격하는 자유라디칼에 의해, 건강한 방식으로 노화되게 하는 내부 프로그램이 파괴된다. 면역기능 감소, 암, 조기 노화신드롬을 포함하는 여러 질환에서는 DNA 복구가 비정상적이다.

영양보충제 견지에서, 다행스러운 것은, 우리 모두는 유전학적으로 99.9% 동일하기 때문에, 모든 사람이 기본적으로 또는 공통으로 필요로 하는 코어 영양core nutrition이 있다. 그리하여 최적의 노화관리 프로그램에서 우리 모두는 공통적으로 위의 5개 세포과정을 조절하는 유전자들을 돕는 필수 화합물들을 포함하는 보충제를 복용해야만 한다.

우리 모두가 공통적으로 복용해야만 하는 코어 보충제가 있는가 하면 우리 각각에는 0.1%라는 유전학적 차이가 있기 때문에 각 개인이 부가적으로 더 필요로 하는 보충제가 있다. 우리 각각에 있는 0.1%라는 이 작은 차이가 우리의 맞춤 유전자 건강 프로그램이 갖는 진정한 성공이라는 큰 차이를 만든다. 이 조그만 차이에 우리 각 개인의 유전자, 또는 SNP가 최대의 잠재력으로 일하는데 당신 개인으로서 무엇이 필요한지에 대한 답이 놓여 있다. 이제 우리는 일련의 유전자군을 검사할 수 있고, 더 건강한 삶 쪽으로의 확률을 높여 나갈 수 있다.

현재로서는 우리의 맞춤 유전자 건강 검사만이, **당신의** 유전자 변이체가 무엇이고, 타인과는 별도로 **당신 개인으로서** 부가적으로 **필요한** 보충제가 무엇인지 알 수 있는 유일한 방법이다. 이 검사는 우리의 맞춤 유전자 건강과 영양 프로그램의 기초 토대이다. 매 4~6 개월마다 반복적으로 받는 뇨검사는, 필요에 따라 당신 개인을 위한 프로그램을 조정한다.

우리의 맞춤 유전자 건강 프로그램이 작동할 때는, DNA 손상율과 자유라디칼 수준이 지속적으로 떨어지는 것을 볼 수 있거나, 또는 최소한 어느 정도의 감소라도 볼 수 있다. 다섯 개 핵심 세포과정 각각이 서로 연관되어 있고 서로는 긍정적인 방향으로 영향을 주기 때문에 뇨검사에서 이 같은 결과가 나오는 것이다.

물론, 보충제 단독으로, 패스트푸드의 빈번한 이용, 흡연, 운동 결여, 스트레스 높은 업무 등의 나쁜 생활방식을 보상할 수 없다. 합리적인 생활습관을 채택하고, 당신의 믿음 체계를 바꾸어, 변화를 만드는 주체가 당신이고 궁극적인 책임이 당신에게 있다는 개념을 갖는 것 또한 보충제 못지않게 중요한 일이다.

미량 영양소 결핍과 DNA 손상

우리 몸에서 정상적인 대사가 이루어지기 위해서는 대략 40종의 미량 영양소가 필요하다. 영양과 DNA 연구 분야에서 세계적 권위자인 에임스 박사Dr. Bruce Ames는, "미량영양소 결핍은 방사선(또는 화학물질)과 유사하게 단일-및 이중-가닥 절단, 산화적 손상을 야기함으로서 DNA를 손상시킨다"고 밝혔다. DNA 손상은 대부분의 질병에 대한 근본적인 원인이 된다. 140쪽의 표 6.1은 가장 흔하게 결핍되는 비타민과 무기질들, 이들 영양소의 급원 식품, 이들 영양소가 결핍될 때 발생되는 DNA 손상 유형에 대해 보여주고 있다.

미량영양소 결핍 증상을 교정하기 위해서는, 기능이 떨어진 대사 효소들을 활성화시켜야 하며 그렇게 하기 위해서는 일일 권장량보다는 높은 양으로 미량 영양소들을 섭취해야 한다. 에임스 박사는, 약 50개의 인간 유전학적 질환들은, 손상된 효소에 기인하며, 이들 효소활성에 필요한 조효소 그리고/ 또는 보조인자를 최적의 용량으로 공급함으로써 이들 효소 활성을 높일 수 있다고 하였다.

미량영양소는, DNA 손상을 예방하고 복구하는 외에도 노화 과정시 이탈되는 중요 대사 경로들에 포함되는 효소를 활성화 시킨다. 그럼에도 대부분의 종합 비타민 보충제는, 항노화를 위한 것이라고 적혀 있는 것들조차도 이들 핵심 미량영양소 중 다수가 빠져 있고 노화를 예방하기 위해 필요한 비타민과 무기질은 단지 최소권장량 수준으로 공급하고 있다. 그리하여 널리 이용되고 있는 하루 한 번의 영양제들은 근본적으로 이들 필수 화합물들을 공급하기에는 역부족이다.

하버드 의대의 역학연구자들은, 비타민과 무기질을 최적의 양으로 섭취하지 않았을 때 발생되는 여러 대사 문제를 발견해 왔다. 그러나 이들 대사 문제는 비타민 결핍에 대한 기존의 정의에 포함되어 있지 않고, 표준 혈액검사를 통해서는 나타나지 않는다. 결과적으로, 내과 의사들은 비타민과 무기질 제재를 질병예방 차원에서 권하는 것을 꺼려한다. 하버드 과학자들은, 보충제가 다양한 식물내재 영양소를 포함하는 훌륭한 식사를 대신할 수는 없지만, 대사 문제를 치료하는데 있어 보조 요법으로 반드시 사용해야 함을 강조한다. 최첨단 기술에 근거한 우리의 항노화 보충제 프로그램은, 세포 수준에서 그리고 노화-관련 질병 차원에서, 노화 문제를 교정하기 위해 특정 유전자 그룹을 타겟으로 영양소들을 권하고 있다.

유전자를 타켓으로 하는 우리의 보충제 프로그램이 왜 중요한지 보여주는 실례가 있다. 48세의 여성 전문사업가이며, 흡연을 가볍게 즐기는 H는, 자신의 회사를 설립하여 지난 15년 동안 경제적으로 전문적으로 상당히 성공하였다. 매우 지적이면서 탐구적인 그녀는 건강과 장수는 물론 비타민과 무기질 사용에 관한 최근의 정보에 대해서 열심히 읽는 취미를 가지고 있었다. 하루-한 번의 종합영양제를 아침에 복용하는 것은 물론이고, 잡지와 건강식품점의 판매원이 권한 상당수의 다른 보충제도 복용하고 있었다. H는 그녀의 유전자보호지수GPF를 알아보기 위해 또한 그녀가 섭취해온 보충제들이 얼마나 효과적이었는지를 알아보기 위해 PGH 유전자 변신에서 제공하는 뇨검사에 적극적으로 임했다(뇨검사와 유전자 보호지수에 대해서는 제 7장에서 다루고 있다). 그녀의 검사 결과에서는, DNA 손상률이 과도하게 높게 나왔고 자유라디칼 수준도 매우 높게 나왔다.

| 표6.1. | 미량영양소 결핍으로 인한 DNA손상과 건강문제

미량-영양소 : 엽산 **급원식품 :** 진한 녹색 채소류

결핍사람 비율 : 10%
항노화를 위한 일일 섭취량 (400–1,000 mcg)
결핍으로 인한 DNA 손상 : 염색체 절단, 염기 치환. DNA 분자의 일부인 시토신과 티민에 필요
결핍으로 인한 건강문제 : 대장암, 심혈관질환, 뇌기능장애, 태내 손상

미량-영양소 : 비타민 B_{12} **급원식품 :** 육류

결핍사람 비율 : 4%의 사람들이 권장섭취량의 반 이하 섭취
항노화를 위한 일일 섭취량 : 400–600 mcg
결핍으로 인한 DNA 손상 : 엽산과 동일. DNA 분자를 구성하는 염기 4개 모두(아데닌, 구아닌, 시토신, 티민)에 필요
결핍으로 인한 건강문제 : 신경손상, 유방암

미량-영양소 : 비타민 B_6 **급원식품 :** 통밀빵, 시리얼

결핍사람 비율 : 10%의 사람들이 권장섭취량의 반 이하 섭취
항노화를 위한 일일 섭취량 : 50–100 mg
결핍으로 인한 DNA 손상 : 엽산과 동일. 티민 합성에 필요
결핍으로 인한 건강문제 : 엽산과 B_{12}와 동일

미량-영양소 : 비타민 C **급원식품 :** 과일류, 야채류, 간

결핍사람 비율: 15%의 사람들이 권장섭취량의 반 이하 섭취
항노화를 위한 일일 섭취량: 750–1,000 mg
결핍으로 인한 DNA 손상: 방사선으로 인한 손상과 유사한 자유라디칼 손상(DNA 산화).
결핍으로 인한 건강문제: 백내장 위험 4배 증가, 암, 심혈관질환

미량-영양소 : 비타민 E **급원식품 :** 견과류, 식물성 기름

결핍사람 비율 : 20%의 사람들이 권장섭취량의 반 이하 섭취
항노화를 위한 일일 섭취량 : 200–800 IU
결핍으로 인한 DNA 손상 : 방사선으로 인한 손상과 유사(DNA 산화).
결핍으로 인한 건강문제 : 대장암, 심혈관 질환, 면역기능 이상

미량-영양소 : 철분 **급원식품 :** 육류, 강화 시리얼

결핍사람 비율: 7%의 사람들이 권장섭취량의 반 이하 섭취
항노화를 위한 일일 섭취량: 9-18 mg
결핍으로 인한 DNA 손상: DNA 절단, 방사선으로 인한 손상과 유사
결핍으로 인한 건강문제: 뇌기능이상, 면역기능이상, 암

미량-영양소 : 아연 **급원식품 :** 육류, 전곡류

결핍사람 비율: 18%의 사람들이 권장섭취량의 반 이하 섭취
항노화를 위한 일일 섭취량: 10-25 mg
결핍으로 인한 DNA 손상: 염색체 절단, 방사선으로 인한 손상과 유사
결핍으로 인한 건강문제: 뇌기능 이상, 면역기능이상, 암

미량-영양소 : 나이아신 **급원식품 :** 육류, 콩류

결핍사람 비율: 2%의 사람들이 권장섭취량의 반 이하 섭취
항노화를 위한 일일 섭취량: 100-500 mg
결핍으로 인한 DNA 손상: DNA 복구 효소들의 불능화(Poly ADP-ribose)
결핍으로 인한 건강문제: 신경 증상, 기억력 감퇴

| 주 | 미국 인구 1%를 근거로 한 통계 수치 = 1998년 기준으로 2백 7십 만 명. 각 미량영양소에 대해 기술한 결핍 사람 비율과 관련하여, 엽산을 제외한 모든 미량영양소의 섭취량이 일일 권장섭취량의 반 이하였다. 세월이 흐르면서 다른 미량영양소 결핍도 부가적으로 발생할 수 있다.

| 자료출처 | Ames, B. *Toxicology Letters* 1998 : 102-103권 : 5-18쪽. | 표출처 | Vincent Giampapa, Ronald Pero, and Marcial Zimmerman, The Anti-Aging Solution, Hoboken, J.J. : John Wiley & Sons, Inc.: 2004. DNA 및 유전학 관련 용어에 관해서는 용어집 참조 바람.

H는 거의 기절할 정도였다. 그녀는 지금까지, 노화에 관한 정기간행물과 잡지에서 읽은 정보를 바탕으로 모든 것을 섭취해 왔다. 그런데 어떻게 이런 결과가 나올 수 있을까? 그녀는 나에게 이메일을 보내 도움을 요청했다.

그녀의 검사 결과를 검토한 뒤 내가 내린 결론은, H는 여러 항산

화제를 균형 잡히지 않은 상태로 과도하게 많이 복용하여, 산화 스트레스라 불리는 복잡한 문제를 유발시킨 것이었다. 흡연, 빈번한 패스트푸드 섭취, 업무 스트레스와 함께 그녀의 이러한 항산화제 "남용"은, 실제 그녀의 노화 과정을 가속화시키는 상황을 연출했다. 난 그녀에게, 여러 항산화제를 좀 더 균형 잡힌 상태로 배합해서 복용할 것과, 그녀 개인의 유전자 필요성에 근거하여 항산화제 외에도 다른 보충제 및 기능성 식품을 복용해야 함을 설명했다.

보충제 복용을 하루 6정로 줄이고, 우리의 맞춤 유전자 접근법을 시도한 뒤에, H는 유전자 보호지수를 알아보기 위한 검사를 다시 받았고 결과는 현저하게 좋아진 것으로 나왔다. 그녀의 DNA 손상율과 자유라디칼 수준은 한 달 이내에 반으로 떨어졌다. 그녀는 또한 지난 3년보다 스트레스를 덜 느꼈고, 잠을 더 잘 자게 되었고, 정신 집중이 더 잘 되었다고 하였다. 그녀는 나에게 이메일로, 콜레스테롤 수준 또한 낮아졌고, 4개월 뒤에는, 그녀의 피부와 체성분이 이렇게 좋은 적이 결코 없었다고 말했다.

H는 PGH 유전자 변신 보충제 프로그램에 이 모든 변화의 공을 돌렸다. 또한 더 좋아진 에너지 상태 및 내가 권한 운동을 시작한 것도 이들 변화에 기여했다고 했다. 그녀는 친구와 직장 및 회사 직원들로부터 이런 변화에 대해 긍정적인 반응을 얻었고 그러한 반응으로 해서 긍정적인 생활습관의 변화를 지속적으로 유지해 나갈 수 있었다.

보충제 섭취에 대한 상세한 정보는, 141쪽에 제시되어 있는 "노화와 보충제 사용에 대한 일반적 질문에 대한 답변"란을 보기 바란다.

노화와 보충제 사용에 대한 질문과 답변

사람들이 자주 묻는 3가지 질문과 그것에 대한 답변으로서 노화 및 보충제 사용과 연관지어 알아보기로 하자.

난 너무 많은 항산화제를 복용하고 있을까요?

그럴 수 있다. 당신이 어떤 항산화제를 얼마만큼 복용해야 할 지 확실히 모를 경우, 무분별하게 너무 많은 항산화제를 복용할 수 있다. 이럴 경우 당신은 "나쁜 산화적 스트레스"라 불리는 상태를 유발할 수 있다.
이 상황에서는 항산화제들이 단계적 방식으로 자유라디칼을 중화하는 대신에, 계단식 중화과정에 축적되어 장벽을 형성한다. 그리하여 자유라디칼의 정상적 감소가 발생하지 않는다. (아래 제시된, 계단식 중화과정 참조) 이것은 마치 계단을 이용해서 아래로 내려가려는 사람들에게 장벽으로 가로막아 더 이상 내려가지 못하게 막는 것과 비슷한 현상이다. 이런 산화적 스트레스 상황에서는 자유라디칼이 더 많이 생성되고, DNA 산화가 더 많이 일어나 결과적으로 노화가 촉진된다.

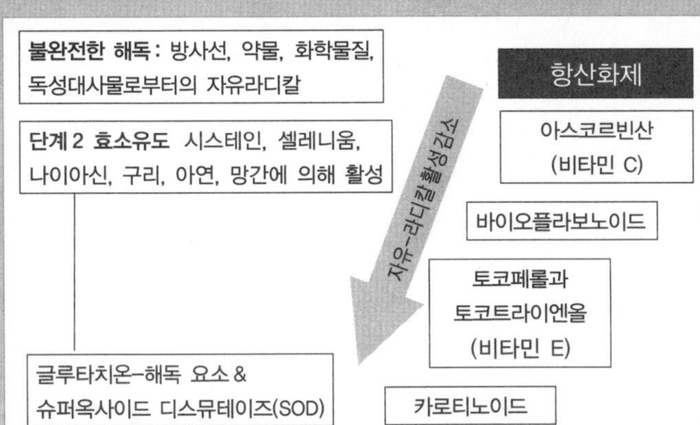

계단식 중화과정 detox cascade: 계단식 중화과정에 장벽을 형성할 정도로 너무 많은 항산화제를 섭취하는 사람에서는 "나쁜 산화적 스트레스"가 발생할 수 있으며 그리하여 자유라디칼의 정상적 감소가 일어나지 않게 된다.

정말 하루 한 알 보충제로 충분한가요?

그렇지 않다. 최적의 노화에 필요한 모든 비타민, 무기질, 조효소들을 하루 한 알로 공급한다는 것은 불가능하다. 당신의 몸은 24시간 내내 비교적 일정한 수준으로 핵심 보충제를 공급받기를 원한다.
더 중요한 것은 아침과 저녁에 필요로 하는 보충제의 종류가 다르다. 항노화와 최적의 세포건강을 위해서는 여러 비타민과 무기질이 옳은 배합으로 함유되어 있는 보충제를 하루 최소 두 번 섭취해야 한다.

왜 아침AM과 저녁PM에 복용하는 보충제가 달라야 하나요?

아침과 저녁에 섭취하는 비타민과 무기질이 달라야 하는 이유는 자율신경계, 생물학적 시계 또는 "생체시계"라 불리는 시스템과 연관되어 있다. 우리의 생체시계는 하루 전체를 통하여 핵심 호르몬의 방출을 조절함으로써 생체 리듬을 유지하고 그리하여 세포 복구를 촉진한다. 또한 이 생체시계는 아침에는 민첩성을 유지하게 하고 저녁에는 이완시켜 수면을 준비시킨다. 우리는 여러 보충제를 옳지 않은 배합으로 복용하여, 아침에 제대로 하루를 시작하지 못하고 저녁에 잠을 자는데 문제를 겪는 사람들을 많이 보아왔다. 정상적인 생체 리듬이 깨지면, 건강과 노화 과정에 혼란이 초래되며 하루 전체 내내 업무 효율이 떨어진다. 또한 항노화 내과의사로서 환자들에게서 듣는 가장 흔한 불평 중에 하나가; "잠을 잘 수가 없어요 또는 잠을 깊이 못 자요" 또는 "하루 종일 피곤해요" 등이다. 당신도 그렇다면, 어떤 보충제를, 언제 섭취하고 있는지 체크할 필요가 있다. 확신하건데, 옳지 않은 배합으로 보충제를 복용하여 당신의 정상적인 생체 시계 리듬이 깨져 있을 것이다.

보충제의 질이 문제이다

아무 보충제나 조기 노화를 예방할 수 있는 것이 아니다. 그 이유는 다음의 두 가지 때문이다. 첫째, 맞춤형 유전학적 영양은, 일반적인 표준 생산 기술을 훨씬 뛰어넘는 비타민 무기질 생산 과정이 필요하다.

많은 회사들이 보충제를 생산할 때 치명적인 실수를 한다. 예를 들면 캡슐이나 정제를 만들 때 높은 압력 하에서 **구성성분을 압착시킨다.** 이러한 압착 과정은 단백질이나 다른 천연 화합물을 파괴시키는 열을 발생하여, 훌륭한 보충제가 될 수 있는 것을 세포 차원에서 전혀 쓸모없게 한다. 보충제 제작과정 시작부터 끝까지, 의약품-등급의 생산 과정이 필요하다.

탁월한 유전학적 영양을 위해서 최고 품질의 보충제를 섭취해야 하는 두 번째 이유는 생체이용률 때문이다. 만약 보충제를 신속하게 소화시킬 수 없다면, 즉, 보충제가 물을 쉽게 흡수하여 보충제 속의 성분들이 소장에서 쉽게 유리되지 않는다면 소장을 그대로 통과하여 비싼 대변을 만드는 것 외에 아무 의미가 없게 된다.

PGH 유전자 변신의 코어영양 프로그램 목표

많은 사람들이 비타민 가게에서 여러 다른 종류의 보충제를 사서, 각 병의 보충제를 골고루 한 알씩 복용한다. 이것이 바로 **대량투여 mega-dosing**로 알려져 있는 일이다. 그러나 대부분의 사람들은 그들이 무엇을 복용하고 있는지, 얼마를 복용해야 하는지, 서로 어울리지 않는 성분들을 함께 복용하여 몸에서 어떤 부정적인 반응이 발생할지 전혀 모른다. 서로 어울리지 않는 성분이 몸에 함께 들어왔을 때 야기되는 부정적인 반응 때문에 산화적 스트레스와 DNA 손상이 더 많이 야기되고, 건강을 증진하고 싶은 원래의 의도와는 반대의 현상이 발생된다.

우리의 맞춤 유전자 건강 프로그램의 목표 중의 하나는 바로 위와 같은 문제를 피하기 위해 기능성식품을 제대로 선택해서 적당량을 보충제 형태로 섭취하는 것이다. 이러한 목표를 위해 만들어진 것이 바로 코어영양Core Nutrition 보충제 프로그램이고 이것은 모든 사람이 기본적으로 또는 공통적으로 필요로 하는 유전학적 영양을 충족시키기 위한 것이다. PGH 유전자 변신의 보충제 가이드라인은 어떤 성분이 가장 좋으며, 효과적인 양은 얼마이며, 유전자를 위해서는 어떠한 배합이 좋은지에 대한 정보를 담고 있다. 이러한 점이 고려되었기 때문에, 보충제 속의 성분들이 서로 상승적으로 작용하여, 원하지 않는 부정적 대사 반응은 막고, 긍정적 노화 반응은 촉진하게 된다.

PGH 유전자 변신의 코어 보충제는, 필수 비타민과 무기질만을 함유한 단순 종합 멀티 비타민제가 아니다. 실질적으로는 **영양식품 nutritional food**으로 분류될 수 있고 아래에 제시된 여러 필수 과정들을 위한 성분들을 함유하고 있다.

- 항-염증
- 식물에서 추출한 항산화제들
- 메틸화시키는 성분
- 흡수 증진제
- 자연식품whole foods
- 아미노산
- 복합 생균제
- 혈당과 인슐린 개선
- DNA 복구
- 지방 연소제
- 뇌 기능 증진제
- 세포 활력제
- 지방산 복합체
- 소화효소

- 비타민
- 유전자 발현을 위한 뉴클레오타이드 전구체
- 무기질
- DNA 복구를 위한 CAEs

PGH 유전자 변신의 코어영양 프로그램이 겨냥하는 또 다른 목표는 천연적으로 존재하는 CAEs carboxy alkyl esters (카르복실 알킬 에스터)를 이용한 DNA 복구이다. 우리가 추천하는 CAEs는 고양이 발톱(cat's claw)(*Uncaria tomentosa*) | 옮긴이주 : 남미 원산 콩과식물 | 으로 알려진 열대 다우림 식물에서 추출한 것이다. 일반 비타민 가게에서 고양이 발톱 식물 추출물을 산다고 해서 같은 효과를 볼 수 있는 것은 아니다. CAEs는 고양이 발톱이라는 식물의 껍질에서 발견되는 27개 화합물 중의 하나로서, 항노화 과학자인 페로 박사Dr. Ronald Pero가 개발한 방법에 의해 물로 추출한 것이다. 두 개의 임상연구에 따르면, 이 화합물은 DNA를 복구하는 우리 몸 자체의 자연 능력을 촉진하는 것으로 밝혀지고 있다.

어떤 사람들은 생각하기를 비타민 섭취는 단지 "비싼 오줌을 누는 것" 즉, 몸으로 흡수되지 않은 비타민이 신장을 통해 오줌으로 빠져나가는 것이라고 생각한다. 일부 보충제에 대해서는 맞는 말이다. 그러나 PGH 유전자 변신 포뮬러의 성분들은 이 같은 문제를 피하기 위해 전문적으로 제작된 것이다. PGH 유전자 변신 포뮬러에는 유산균 복합체가 포함되어 있기 때문에, 당신이 섭취한 식품으로부터 더 많은 영양소를 흡수하게 도와준다. 또한 아래에 제시된 소화효소들을 함유하고 있어서, 노화되면서 발생되는 낮은 소화율과 비효율적인 호르몬 체계를 보완해준다.

- 아밀라아제
- 락타아제
- 셀룰라아제
- 중성 프로테아제
- 리파아제

이와 같은 성분들은 위장관계를 도와 보충제는 물론이고 일상적으로 섭취한 음식의 소화율을 높여 영양소의 흡수율을 보장하게 된다. 이러한 이유 때문에, PGH 유전자 변신의 코어 기능성 보충제는 식사와 함께 복용하는 것이 타당하다.

PGH 유전자 변신의 코어 보충제 프로그램의 구성성분

우리의 코어 보충제Core Supplement에는 낮시간과 저녁시간 각각의 필요에 맞추어 기능성 성분을 이상적으로 함유하고 있는 AM 포뮬러와 PM 포뮬러가 있다. AM 포뮬러는 낮 동안에 필요한 에너지를 지속적으로 공급하고 교감신경계를 조절하는 성분들이 들어있다. PM 포뮬러는 밤에 잠을 편히 잘 수 있게 도와 몸이 복구, 휴식, 회복되게 하고 부교감신경을 조절하는 성분들이 들어 있다. 이 포뮬러들은 또한 몸이 일반적으로 필요로 하는 영양과 DNA 복구라는 매우 중요한 과정을 고려하여 만들어진 종합 멀티보충제로 아래 제시된 영양성분들을 함유하고 있다.

아침과 저녁을 위한 PGH 유전자 변신의 코어영양 가이드라인 외에도, 우리는 개개인들의 유전적 차이 즉, 이 장의 앞에서 살펴보았던 0.1% 개인차를 고려하여 그 차이에서 가장 중요한 유전자 그룹들 (노화 관련 질환 연구들과 최근의 칼로리 제한 장수 연구들에 의해 유전적 차이가 있는 것으로 보고된 유전자들) 위해 부가적인 보충제 가이드라인도 제공하고 있다.

메틸화 또는 유전자 발현을 최적화시키는 영양소들

지난 몇 년 동안의 보고에 따르면 기능성 식품들은 메틸화 또는 유전자 발현에 직접적인 영향을 준다고 한다. 즉 이것은 기능성 식품들이 특정 유전자들을 침묵 또는 불활성화시키면서 동시에 특정 다른 유전자들은 활성화(켜짐)시킬 수 있음을 의미한다. 그리하여 기능성 식품은 유전 암호가 발현되는 방식에 직접적인 효과를 갖게 된다. 지방산은, 세포 막 표면에서 유전자 발현에 직접적인 영향을 미치는 중요한 기능성 식품의 예이다.

동물성 식품과 곡류가 주인 전형적인 서구 식사는, 건강에 해로운 비율로 오메가-6 지방산 대 오메가-3 지방산을 함유하고 있다(오메가-6지방산 비율이 너무 높음). 생선과 짙은 녹색 채소는 오메가-3 지방산을 제공하는 좋은 급원 식품이며 오메가-6 지방산과의 비율이 적정 수준이 되도록 도와준다. 식이 지방은 유전자 발현을 조절하기 때문에, 적합하지 않은 지방산을 섭취하면 탄수화물과 지질 대사가 변하게 된다.

수 년 동안 과학자들은 유전자 발현 조절자로서 호르몬에 주로 초점을 맞추어 왔다. 유전자 발현에서의 지방산 역할은 최근에서야 밝혀지기 시작했다. 세포 내로의 호르몬 신호 전달은 이중지질층의 세포막에 묻혀 있는 특정 수용체에 의존한다. 지방산이 부족하게 되면 세포막의 형태가 일그러지면서 호르몬과 수용체와의 결합이 영향 받게 되고 그리하여 유전자 발현이 변경되게 된다. 이러한 방식으로 지방산은 어떤 특정 유전자에 대한 호르몬 조절을 방해할 수 있다.

지방산 보충제

항노화 견지에서 볼 때, 지방산은 대사를 변경하고, 세포 반응을 변화시키고, 세포 성장과 분화에 영향을 준다. 이러한 효과는 노화 과정에 이득이 될 수도 있고, 해가 될 수도 있다. 예를 들면, 오메가-3 지방산이 중재하는 혈청 중성지질 억제는 득이 되는 반면, 오메가-6 지방산이 중재하는 인슐린 저항증 촉진은 해가 된다. 지방산이 항노화 과정에 주는 이득 효과는 다음과 같다.

- 지방산은 핵심 대사과정에 참여하는 효소들의 유전자 발현을 조정한다.
- 다가 불포화 지방산과 비타민 E는 DNA 손상을 감소시킨다.

지방산은 세포막의 이중 지질층을 구성하기 때문에, 이들 지질에 산화적 손상이 생기면, 세포 분화 및 성장, 사이토카인 부착 물질 유리cytokine adhesion molecule release, 아이코사노이드 생성(항-염증 또는 염증 유발성)을 포함하는 다양한 세포 기능에 급격한 변화가 야기된다. 다음의 영양소들은 세포막을 안정화시키는데 특히 효과적이다.

- 생선유fish oil 보충제는, 류마티스성 관절염 환자들이 사용하는 비스테로이드성 항염증제 NSAID의 필요량을 감소시키며, 죽상동맥경화증, 혈전증, 색전증, 고-중성지질, 고혈압, 자가면역 질환, 알

러지 치료에 효과적이다.

- DHA와 생선유 보충제는 중성지질 수준을 낮춘다.
- 오메가-3 지방산 보충제는 심혈관 질환의 위험률을 감소시키고 남성, 여성 모두에서 돌연사를 감소시킨다.

지방산 보충제 일일 코어 처방 : 다음에 제시된 것 중 하나를 포함해야 한다.

- 생선유 ▸ 캡슐 당 슈퍼 오메가-3s-EPA 300 밀리그램, DHA 200밀리그램 함유. 심혈관 및 면역기능을 위해서 하루 3캡슐
- 생선유 또는 조류유 algae oil ▸ DHA 500mg. 뇌와 신경기능을 위해 하루 1~2 캡슐.
- 감마-리놀렌산 GLA ▸ 알러지와 자가면역 질환을 위해서 달맞이 꽃 또는 블랙 커런트 오일 200~600 밀리그램.
- 복합 필수지방산(오메가-3, -6, -9) ▸ 건조 피부, 부서지는 손톱, 가는 머리카락을 개선시키는 항노화 효과를 위해서 1,000~3,000 밀리그램

비타민 B군

사람의 영양에 필수적인 것으로 고려되는 비타민 B에는 티아민B1, 리보플라빈B2, 나이아신B3, 판토텐산B5, 피리독신B6, 엽산B9, 코발아민B12, 비오틴, 콜린의 9가지가 있다. 이노시톨과 파라아미노벤조산도 보충제 포뮬러에는 흔히 포함된다. 비타민 B는 그룹으로 여러

효소 반응에 참여하기 때문에, 필수 비타민 B 모두를 보충제에 포함시키는 것이 중요하다. 그러나 각각의 B군을 모두 같은 양으로 보충제에 포함시킬 필요는 없다. 이 장의 서두에서 언급한 것처럼, DNA 보호에서는 나이아신, 엽산, 코발아민, 피리독신이 가장 중요하다. 그러나 다른 비타민 B도 유전자 발현과 세포 대사에서 필수 역할을 수행하기 때문에 중요성면에서는 동등하다.

비타민 B는 수용성이어서 몸에 저장되지 않고 빠르게 빠져나가기 때문에 매일 공급해야 한다. 과다(메가)-용량으로 공급할 필요는 없지만, 영양권장량 보다는 높게, 전체 B 복합체가 균형 잡히게 공급하는 것이 중요하다. 특수한 경우 결핍 증세를 극복하기 위해서 개별적으로 특정 비타민 B가 높은 용량으로 필요할 수도 있다 (항노화를 위해 필요한 개개 비타민 B의 최적 용량은 이 장의 끝에 항노화 보충제에 대한 표에 제시되어 있다). 여기서, B 비타민이 주는 건강효과를 살펴보기로 하자.

- 니코틴 아마이드(나이아신 아마이드)는 히스톤 단백질의 아세틸화를 조정하여 노화기전을 역전시킨다. 히스톤 단백질의 아세틸화는 유전자 활성을 촉진하는 중요한 과정이다.
- 나이아신 결핍은 쥐에서 종양 발생률을 증가시킨다.
- 나이아신 보충제는 DNA 복구 효소를 증가시키고 항암제에 의해 발생된 손상을 극복하게 해준다.
- 비타민 B군과 미량무기질은 노인들의 면역기능을 활성화시킨다.
- 비타민 B군은 혈관 기능을 증진시킨다.

- 엽산과 비타민 B_6는 유방암 예방효과를 줄 수 있다.
- 엽산은 대장암에 보호효과를 줄 수 있다.
- 엽산, B_6, B_{12}는 심혈관 질환의 위험 요소인 호모시스테인 수준을 낮출 수 있다.
- 비타민 B_{12}는 HIV 질병 진행에 대한 저항성을 도울 수 있다.
- 콜린은 알파-글리세릴 포스포릴 콜린(알파-GPC) 형태로, 젊은 사람과 노년층의 전반적인 뇌기능을 증진시킨다.
- 알파-글리세릴 포스포릴 콜린은, 아세틸 콜린 및 성장호르몬을 포함하는 여러 호르몬 및 신경전달물질의 생성에서 중요한 역할을 담당한다.

비타민 B의 일일 코어 처방. 최적 효과를 위해서 다음의 보충제 모두를 복용한다.

- 비타민 B_1, B_2, B_6 · 10~100 밀리그램, 하루 아침, 저녁 두 번으로 나누어 복용
- 나이아신 B_3 · 나이아신 아마이드 형태 또는 홍조를 유발하지 않는 형태로 최대 300 밀리그램. 나이아신 아마이드 또는 홍조 유발 않는 형태는 복용시, 피부가 붉게 되거나 가렵게 되는 반응을 유발하지 않는다.
- 판토텐산 B_5 · 지질 장애와 스트레스에 대해서 최대 1,000 밀리그램까지
- 엽산 · 400 ~ 800 마이크로그램

- 비타민 B_{12}와 비오틴 ‣ 150 ~ 300 마이크로그램
- 알파 GPC ‣ 인지 능력 향상과 성장호르몬 분비를 위해서 1,000 ~ 1,200 밀리그램

무기질

무기질은 수천 가지 다양한 효소의 보조인자로 기능한다. 아연은 DNA 복구과정을 포함하여 300여 가지 이상의 효소 작용에서 보조인자로 작용한다. 칼슘, 인, 마그네슘 및 여러 미량 무기질은 골격을 형성한다. 또한 칼슘은 세포막을 통한 운반에서 중요한 역할을 담당하며, 마그네슘은 에너지-생성 반응을 추진시킨다.

서로 경쟁관계에 있는 무기질은 한쪽을 고갈시킬 수 있기 때문에, 항상 같이 복용해야 한다. 예를 들면, 칼슘 이용을 증가시키고 마그네슘 결핍을 예방하기 위해서는 칼슘과 마그네슘을 항상 함께 복용해야 한다. 가장 좋은 무기질 보충 형태는, 아미노산 또는 조그만 크기의 펩타이드와 결합된 무기질 형태이다. 이들 형태는 무기질이 장벽을 통과하여 혈류로 들어가는데 무기질을 에스코트 해주어 흡수율을 높여 준다.

전도유망한 연구 분야 중의 하나가, 무기질을 그들의 반응 장소로 안내하는 샤페론chaperone(안내자)역할을 하는 펩타이드에 관한 것이다. 샤페론 역할을 하는 펩타이드는 단백질의 3차 구조 형성folding을 가이드 해주는 것은 물론이고 단백질들을 필요로 하는 장소로 안내하기도 한다. 이와 같은 발견을 한 락펠러 대학의 의학박사 긴터 블로벨Giinetr Blobel, MD은 1999년 노벨 의학상을 받았다. 다른 연

구자들에 의해서, 무기질을 정확한 반응 장소로 안내하는 이와 동일한 단백질 샤페론 시스템이 발견되었고 이 시스템은 효모, 식물, 동물세포에서 일반적인 것으로 밝혀졌다. 결론적으로, 효모 샤페론에 결합된 셀렌, 구리, 철, 아연은 사람에서의 생체 이용률이 매우 높은 것으로 보여지고 있다. 다음은, 가장 최근에 발표된 연구에서 보고된 무기질의 이득 효과에 관한 요약이다:

- 칼슘과 비타민 D 보충제는 치아 상실을 감소시킨다.
- 칼슘 보충제는 폐경기 여성에서 지질 양상을 개선시킨다.
- 칼슘은 대장암 위험률을 감소시킨다.
- 당뇨병은 마그네슘 수준이 낮게 되는 중요한 원인이 된다. 마그네슘이 적으면 식욕상실이 유발된다.
- 말산 마그네슘magnesium malate은 섬유조직염fibromyalgia에서 예비 에너지를 제공한다.
- 구리와 아연 보충제는 폐경기 여성에서 뼈 감소율을 감소시킨다.
- 히스티딘과 결합된 아연 보충제는 황산 아연zinc sulfate보다 흡수율이 뛰어나다.
- 크롬 보충제는 인슐린 저항증 감소와 관련 있다.

무기질 일일 코어 처방. 처방에 포함되는 무기질 보충제는 다음과 같다:

- **칼슘 구연산 말산 킬레이트 화합물** ▸ 500~1,000 밀리그램
- **마그네슘 아미노산 킬레이트 화합물** ▸ 400~1,000 밀리그램

- 히스티딘, 글리신glycine, 또는 효모와 결합된 아연 ‣ 10~25 밀리그램
- 메티오닌 또는 효모와 결합된 셀렌 ‣ 200 마이크로그램
- 여러 개의 니코틴 또는 효모와 결합된 크롬 ‣ 200 마이크로그램
- 망간 아미노산 킬레이트 화합물 ‣ 5~10 밀리그램
- 요오드 칼륨 또는 해조류로부터의 요오드 ‣ 150 마이크로그램
- 칼륨 아미노산 복합체 ‣ 99 밀리그램
- 몰리브덴 아미노산 킬레이트 화합물 ‣ 50~150 마이크로그램
- 바나듐 아미노산 킬레이트 화합물 ‣ 50~100 마이크로그램
- 붕소 아미노산 복합체 ‣ 1~3 밀리그램

면역기능을 증진시키고 염증반응을 차단하는 영양소들

CAE 추출물과 약용 버섯 모두 면역을 활성화시키고 염증을 예방한다.

CAE 추출물

유전자가 손상되면 면역체계의 작동 방식이 바뀐다. 그리하여 염증 유발 요소들은 증가되고 반면에 염증을 감소시키는 것들은 줄어든다. 항산화제로 DNA 손상을 차단하고 CAE 추출물(고양이 발톱이라는 식물의 껍질로부터)로 DNA 복구를 증진시킴으로서 염증 유발 인자들을 줄일 수 있다. 로날드 페로 박사Dr. Ronald Pero와 그의 연구팀은, 과민성 대장증상, 크론 질환 및 여러 염증 문제를 포함하는 위장관 질환에 CAE가 매우 효과적인 항-염증제 임을 발견했다.

NF-κB와 높은 수준의 TNFα는 만성염증과 암 진행에서 중추 역할을 한다. 또한 이들은 암치료의 화학요법을 방해하기도 한다. CAE는 NF-κB를 차단하고, 순차적으로 TNFα를 감소시키고, 세포 자살 과정을 복구시킨다.

이외에도 CAE에 대해 밝혀진 다른 정보는:

- CAE를 함유하는 수용성 추출물은 NF-κB를 저해함으로서 염증을 감소시킨다.
- NF-κB 저해는 천식 치료의 새로운 타겟이다.
- 세포사멸 과정에 대한 NF-κB의 저해 작용을 감소시킴으로서 항암 화학요법 효과가 상승될 수 있다.

약용버섯

약용 버섯은 스트레스 효과를 감소시키고 면역기능을 돕는 식물내재 영양소들을 함유하고 있다. 이들은 스트레스가 높을 때에도 몸이 항상성을 유지할 수 있게 도와주기 때문에 강장제adaptogen로 알려진 기능성 식품 계열에 속한다. 강장제에는 3가지 중요한 속성이 있다:

1. 강장제는 몸에 손상을 가하지 않으며 스트레스도 주지 않는다.
2. 강장제는 환경적, 생물학적으로 다양한 스트레스 유발 요인에 몸이 적응하도록 도와준다.
3. 강장제는 비특이적으로 몸의 모든 기관과 모든 조절 시스템을 도와준다.

여러 가지 다당류, 렉틴, 테르펜terpenoids들이 균류fungi에서 추출되어 그들의 강장효과와 면역-강화 효과에 대해 연구 되어져 왔다. 가장 널리 알려진 버섯은 표고버섯Lentinus edodes, 영지버섯Ganoderma lucidum, 동충하초Cordyceps sinensis, 잎새버섯(마이다케)Grifola frondosa들이다. 이들보다 덜 알려진 버섯으로는 구름버섯Trametes versicolor, 치마버섯Schizophyllum commune, 잔나비길상버섯Phellinus Linteus, 차가버섯Inonotus obliquus등이 있다. 동충하초는 중국에서 최소 1,000년 동안 항노화 버섯으로 알려져 왔고, 영지버섯은 신성한 것으로 여겨져 왔다.

식료품점에서 당신이 찾을 수 있는 유일한 약용버섯은 표고버섯이며 당신의 면역기능이 떨어졌다 느낄 때 이것을 스프나 다른 음식에 넣으면 좋다. 잎새버섯은 가게에서 살 수 없지만 야생으로 수확할 수 있다. 모든 버섯은 당신에게 유익하다. 그러나 조리용 버섯은, 약용 버섯에 비해 치료 효과가 너무 미미하다. 아시아에서는 오랫동안 약용버섯을 사용해 왔으며 서구사회에서도 점점 더 일반화되고 있다. 또한 효모*Saccharomyces* species로부터 분리된 베타-1,3-글루칸이라 불리는 활성 다당류는 면역 증가 보충제로 시판되고 있다. 다음은 약용버섯과 베타 글루칸의 효과에 대한 간략한 요약이다:

- 버섯 다당류는 뛰어난 항종양 활성을 가지고 있다.
- 버섯은 혈액 지질, 혈압, 혈당을 정상화시킨다.
- 잎새버섯(마이다케)에서 추출한 베타-글루칸은 전립선 암세포에서 세포자살을 유도할 수 있다.
- 표고버섯 추출물은 콜레스테롤 수준을 낮추고 항바이러스 효과

를 갖는다.

- 버섯은 섬유소 함량이 높고, 장내 유익균 활성제prebiotics, 항산화제, 항생제로서 기능한다.

평균 연령 60세의 남성 여성 각각 7명을 대상으로 한 사례연구에서는 CAE추출물과 여러 가지 약용버섯 혼합추출물을 병용하여 사용함으로써 놀라운 결과를 얻을 수 있었다. 특히 이 연구는 참여 대상자들이 경험하고 있었던 알러지, 불면증을 수반한 통증, 심혈관 질환, 관절염을 포함하는 여러 염증문제가 현저히 개선되었기 때문에 관심을 끄는 것이었다. 참여 대상자들은 유전자 손상과 DNA 복구 능력에 대해서도 검사를 받았다.

단지 4주 후에 일부대상자에서는 DNA 손상이 반으로 감소되었고 DNA 복구 능력은 평균 18% 증가되었다. 통증은 35% 감소되었고 피로는 21% 감소되었다. 또한 피부 발진발생 7% 감소를 동반하는 알러지 반응 개선효과도 있었다. 놀랍게도, 한 사람을 제외하고 대상자 전원에서 기대치 않게 체중감소가 보너스로 발생했다. 대부분의 대상자들은 종합비타민제만을 복용해 온 기본적으로 건강한 사람들이었고 일부의 경우만 약간의 약을 복용하는 사람들이었다. 대상자 중 2명의 여성이 경험한 것은 특별히 극적이었으며 다음과 같다.

62세의 M여사는 류마티스성 관절염으로 17년 동안 고생해왔다. 그녀는 다양한 약물을 사용해 왔으나 효과는 미미했다. 그녀의 주 불평은 기운이 없고, 지속적으로 통증이 있고, 잠을 잘 수가 없는 것이었다. CAE 추출물과 여러 버섯 혼합추출물을 병용해서 4주 동안 섭취한 후, 그녀는 거의 다 회복되었을 뿐만 아니라 기력이 좋아졌고 체중이 15파운드(약 7kg) 빠졌음을 보고하였다. 그녀는 이런 결과에 너무 기뻤으며, CAE와 버섯 추출물을 더 이상 섭취하지 않음에도 불구하고 이런 개선 상태는 지속되었음을 마지막 인터뷰에서 확인할 수 있었다.

또 다른 62세의 여성 F는, 다리 아래에서 발로 연결되는 신경에 찌르는 듯한 통증을 야기하는 염증 질환으로 15년 동안 고생해오고 있었다. 이 질환은 발목뼈 터널 증후군tarsal tunnel syndrome으로 알려진 것이며, 발바닥이 타는 듯하면서 쑤시는 듯한 심한 통증이 특징이다. 그녀는 마사지와 발을 올려놓는 것으로 통증을 완화시킬 수 있었지만 움직이기 시작하면 곧 통증으로 괴로웠고 날이 갈수록 상태는 악화되고 있었다. 신발 바닥에 특정 부품을 끼워 넣어 통증을 약간 완화시키고 있었지만, 그녀는 비-스테로이드성 항염증제 NSAIDs와 통증을 감소시키는 스테로이드 주사에 의존하고 있었다.

F는 사례 연구 대상자의 일원으로서 CAE와 버섯 추출물을 4주 동안 섭취하였다. 그녀는 15년 동안 괴롭혀온 발 통증으로부터 처음으로 벗어날 수 있었고 그녀의 에너지 수준이 믿기지 않을 정도로 높아졌음을 경험하였다. 그녀의 통증은 실제적으로 사라졌고 비-스테로이드성 항염증제를 가끔씩만 복용하면 되었다. 그녀 또한 5파운드(2.2kg) 체중 감량을 경험했다.

염증 감소와 면역 활성화를 위한 일일 처방. 이들 보충제에는:

- CAE 추출물 • 처음 한 달 동안은 매일 700 밀리그램, 그 뒤부터는 350 밀리그램 유지

- 약용 버섯 추출물 ‣ 500~1,000 밀리그램

산화 스트레스를 줄여주는 영양소들

산화 스트레스를 줄일 수 있는 식품 및 보충제 성분들을 총칭하여 항산화제라 한다. 항산화제들은 주로 식물에 존재하는 색깔이 풍부한 성분들이며 또한 비타민 E, C와 같은 영양소들이다. 다음은 건강을 증진시키고 항노화 효과를 갖는 중요한 항산화 영양소들에 대해 정리한 핵심 요점이다.

카로티노이드 Carotenoids

천연적으로 존재하는 카로티노이드에는 수백 종이 있으며 그것들 중의 일부는 사람의 건강에 중요한 것으로 밝혀졌다. 그것들에는 알파-, 베타-, 감마-, 델타-카로틴과 아스타잔틴astaxanthin, 베타-크립토잔틴beta-crytoxanthin, 루테인lutein, 리코펜lycopene, 파이토-플루엔phyto-fluene, 지아잔틴zeaxanthin이 포함된다. 베타-카로틴은 카로틴 중에 가장 많이 연구되어 왔으며, 비타민 A의 전구체이기 때문에 수년 동안 중요하게 여겨져 왔다. 그러나 최근에는 알파-, 감마-캐로틴도 비타민 A의 전구체 역할을 하는 것으로 밝혀졌다. 더욱이, 과학자들은 모든 카로티노이드들의 효과 중 가장 중요한 것은 비타민 A의 전구체로서의 역할이 아니라 항산화 능력과 세포-신호 체계에서의 활성이라고 믿고 있다.

카로티노이드들의 항산화 특성은 과학자들에게 집중 연구의 대상이다. 이 카로티노이드들은 지용성 식물내재 영양소들로서 세포

막과 친화력이 있으며 세포 내에서 발생한 자유라디칼 또는 세포 밖에서 들어오려는 자유라디칼을 제거한다. 가장 뚜렷한 카로티노이드 특성은 세포간 통신을 조절하는 능력이다. 이것은 카로티노이드가 갖는 여러 항암작용과 면역-활성화 효과에 대한 근거가 된다. 연구에 의하면 카로티노이드들마다 특정 유형의 막을 우선적으로 보호하는 편향성이 있는 것으로 밝혀졌다. 예를 들면, 아스타잔틴, 루테인, 지아잔틴은 눈을 보호하고, 리코펜은 전립선을 보호하고, 베타-크립토잔틴은 관절을 보호하고, 카로틴은 DNA를 우선적으로 보호한다. 아스타잔틴과 리코펜은 자외선 A와 자외선 B로부터의 보호효과가 뛰어나다. 다음은 카로티노이드 보충제의 효과에 대해서 과학 문헌 잡지로부터 발췌한 것 중 가장 중요한 것들이다:

- 잔토필xanthophyll(연주황 빛 색소) 카로티노이드, 비타민 C, 비타민 E는 근육 퇴화와 백내장의 개시를 지연시킬 수 있다.
- 아스타잔틴astaxanthin, 캔타잔틴canthaxantin, 베타-카로틴은 항암 활성이 있다.
- 보충제 형태의 높은 함량의 카로티노이드는 DNA의 산화적 손상을 감소시킨다.
- 카로티노이드는 자유라디칼 공격으로부터 보호한다.
- 아스타잔틴과 리코펜은 베타-카로틴보다 자외선에 대한 보호효과가 크다.
- 높은 수준의 혈청 리코펜은 죽상동맥경화증의 조기 예방 효과를 줄 수 있다.

- 베타-크립토잔틴과 아연의 보충은 류마티스성 관절염의 위험률을 감소시킨다.
- 심황turmeric으로부터의 쿠르쿠민curcumin은 산화질소nitric oxide를 제거하여 염증을 감소시키고 암으로부터 보호한다.

카로티노이드 보충제 일일 코어 처방. 최적의 효과를 위해서 다음의 모든 보충제를 복용한다:

- 복합 천연 카로티노이드 ‣ 다니엘라 살리나Daniella salina로부터의 비타민 A 활성 5,000~10,000 IU(국제단위)
- 리코펜 ‣ 토마토씨 추출물로 2~5 밀리그램
- 루테인과 지아잔틴 ‣ 금잔화 꽃 추출물로 2~5밀리그램
- 심황뿌리*Curcumalonga* ‣ 95% 추출물 100 밀리그램
- 아스타잔틴, 조류algae ‣ 1~10 밀리그램

| 참고 | 위에 제시된 용량은 다양한 카로티노이드를 복합적으로 함유하는 보충제에 대한 것이다. 치료를 위해 특정 카로티노이드를 개별적으로 선별해서 사용할 때는 더 높은 용량이 필요할 수도 있다.

비타민 E

비타민 E는 가장 잘 알려진 항산화제 중의 하나이며 세포막에 존재하면서 보호효과를 주는 항산화제이다. 천연 비타민 E는 8개의 복합체로 구성되어 있다. 각각은 약간씩 다른 활성을 가지고 있다.

이들에는 4개의 토코페롤tocopherol 형태 즉, 알파-, 베타-, 감마-, 델타 토코페롤과 4개의 토코트라이엔올tocotrienol 형태 즉, 알파-, 베타-, 감마-, 델타-토코트라이엔올이 있다.

비타민 E는 정교한 세포 구조를 손상시키는 자유라디칼을 중화시킨다. 자유라디칼을 중화하는 과정에서, 비타민 E 자신은 알파-토코페록실alpha-tocophroxyl 이라는 자유라디칼 중간체로 전환된다. 만약, 비타민 C, 알파-리포산, NADH, 코엔자임 Q_{10}와 같은 체내 항산화제 네트워크를 구성하는 다른 항산화제가 존재하지 않는다면 알파-토코페록실은 세포에 치명적인 효과를 줄 수 있다. 이들 다른 항산화제들은 알파-토코페록실을 온전한 알파-토코페롤로 복원시킨다. 결과적으로, 식사나 보충제에 여러 다른 항산화제가 존재하면 비타민 E의 요구량은 줄어들게 된다. 체내 비타민 E 수준은 나이 들면서 감소되기 때문에 항-산화 효과를 얻기 위해서는 많이 섭취해야 함이 1980년대에 수립되었다. 과학적 증거에 의하면 비타민 E는,

- LDL-콜레스테롤 산화를 감소시킨다.
- LDL-콜레스테롤의 산화를 방지함으로서 뇌졸증 위험률을 감소시킨다.
- 심장 질환의 위험률을 감소시킨다.
- 건강한 노인과 당뇨를 가진 노인에서 인슐린 작용을 증진시킨다.
- 당뇨병 환자에서 항산화제와 해독제 역할을 하는 글루타치온glutathione 수준을 증가시킨다.

- 운동에 의해 유발되는 산화적 손상을 차단한다.
- 백내장의 발생을 지연시킨다.
- 염증을 감소시키고 면역반응을 증가시킨다.
- 노화 시 수반되는 인지 능력 감소를 줄여준다.

토코트라이엔올 Tocotrienols

토코트라이엔올은 항노화 치료 활성을 갖고 있다. 토코트라이엔올의 항노화 치료 효과는 토코페롤과 비교해 볼 때 최소한 비슷하거나 더 뛰어나다. 실제, 감마-토코트라이엔올은, 전체 비타민 E 구성원 중에서 가장 강력하게 콜레스테롤을 감소시키는 효과를 갖고 있다. 최근의 연구에 의해 밝혀진 토코트라이엔올의 효과는 다음과 같다:

- 총 콜레스테롤, LDL, 지단백 B, 지단백 A을 포함하는 상당수의 지질-관련 위험 요소를 감소시킨다.(매일 감마-토코트라이엔올 200 밀리그램 복용에 의해 콜레스테롤이 31% 감소되었다.)
- 트롬복산 B_2와 혈소판 인자 4와 같은 염증유발제를 억제한다.
- 혈중 과산화 지질 수준을 감소시킨다.
- 유방암 세포에서 세포자살을 촉진하고 종양성장을 저해한다.

비타민 E와 토코트라이엔올 일일 코어 처방. 다음의 보충제를 포함시킨다 :

- 천연 복합 토코페롤 형태로 비타민 E ‣ 200 IU
- 천연 복합 토코트라이엔올 ‣ 100 IU

황-함유 항산화제

식품 속의 항산화제가 주는 건강 이득 효과를 연구하는 과학자들에 의해 최근, 특정 식물에서 새로운 유형의 항산화제들이 발견되었다. 십자화과 채소들에는, 총칭하여 글루코시놀레이트gluco-sinolates로 알려진 황화합물계 항산화제가 포함되어 있다. 이들 중에는 다이인돌릴 메탄diindolylmethane(DIM), 설포라팬sulforaphane, 칼슘 디-글루카레이트calcium D-glucarate, 인돌-3-카르비놀indole-3-carbinol(I3C) 등이 있다. 이들 화합물이 발견된 이래, 과학자들은 이들 십자화과 채소에 있는 황화합물들을 표준화된 방법에 의해 추출하였고 이들 화합물들이 주는 건강 및 항노화 효과를 입증하기 위해 많은 임상연구를 수행하였다. 이들이 발견한 것은 다음과 같다:

- 인돌-3-카르비놀은 유방암을 예방하는 해독 효소를 증가시킨다.
- 십자화과 채소에서 분리한 인돌Indole과 티오설포내이트thiosulfonate 화합물은 DNA 부가 생성물(세포 내에 존재하는 DNA 이중 가닥 사이에 끼어 결합하는 화합물)과 대장암을 예방할 수 있다.
- 이소티오사이아네이트isothiocyanates는 폐, 유선mammary gland, 식도, 간, 소장, 대장, 방광암 예방을 돕는다.
- 칼슘 디-글루카레이트는 호르몬 반응을 변경하여 유방암, 전립선암, 대장암을 예방할 수 있다.
- 다이인돌릴 메탄은 세포자살을 유도하고 DNA 손상으로부터 보호한다.

- 다이인돌릴 메탄은 전립선 암, 자궁경부암, 대장암에 대해서 보호 효과를 갖는다. 또한 항-남성호르몬 효과를 갖는다.
- 숙성된 마늘 추출물은 TNFα 와 NF-κB를 저해하여, DNA 손상을 차단하고 염증반응을 감소시킨다.
- 숙성된 마늘 추출물은, 아세토아미노펜acetoaminophen에 의해 간이 손상되는 것을 예방한다.
- 숙성된 마늘 추출물을 보충하면, 산화적 손상의 부산물인 F_2-이소프로스탄F2-isoprostanes의 생성이 감소된다.
- 숙성된 마늘 추출문은 심혈관 질환의 주요 위험 요소인 콜레스테롤과 호모시스테인 수준을 감소시킨다.

황화합물의 일일 코어 처방

- 십자화가 식물 추출물: 500~1,000 밀리그램 또는 특별히 개개 성분이 필요할 경우, 다음과 같이 섭취한다.
  - 칼슘 디-글루카레이트 ‣ 대장건강을 위해 500 밀리그램
  - 인돌-3-카르비놀 Indole–3–Carbinol ‣ 유방건강을 위해 250 밀리그램
  - 다이인돌릴 메탄 Diindolylmethane ‣ 전립선 보호를 위해 150 밀리그램
  - 마늘 ‣ 심혈관과 면역계 보호를 위해서 100밀리그램

비타민 C와 폴리페놀

비타민 C는 항산화 효과와 항암효과를 갖는 아스코르빈산arscorbate

및 관련 화합물들의 복합체를 총칭하여 일컫는 용어이다. 따라서, 천연 비타민 C는 아스코르빈산 그 이상이며, 비타민 C의 전체 효과를 얻기 위해서는 전체 복합체를 함께 섭취해야 한다. 이렇게 함으로써만이 훨씬 적은 양으로도 충분한 효과를 볼 수 있고 위장장애와 같은 부작용을 피할 수 있다. 또한 과용량의 아스코르빈산이 갖는 산화효과, 특히 철분과 함께 복용할 때 발생 가능한 산화유발 효과를 줄일 수 있다.

아스코르빈산은 수용성 항산화제이며, 산화된 비타민 E를 다시 환원시키는 항산화제 네트워크에서 핵심 역할자이다. 아스코르빈산은 수용성이기 때문에 우리 몸의 체액에서 자유라디칼의 공격에 대해 첫 번째 방어선 역할을 담당한다.

폴리페놀polyphenols은 천연 식물 성분 그룹으로서 바이오플라보노이드bioflavonoids라 불리는 화합물계의 일부이다. 흥미롭게도, 이들 천연 물질이 주는 건강효과는 1900년 대 초 비타민 C의 발견과 함께 처음으로 관찰되었었다. 그러나 그 후로 수십 년이 지나서야, 이 소중한 물질들의 건강 이득효과를 명확하게 밝혀낼 수 있었다. 폴리페놀은 대부분의 식물에 천연적으로 존재하나, 녹차, 포도 씨, 포도 껍질과 같이 일부 식물이나 식물의 특정부분에 더 많이 포함되어 있다. 비타민 C와 폴리페놀이 주는 건강이득 효과는 다음과 같다:

- 비타민 C는 백내장 위험을 감소시킨다. 감귤류에서 추출한 천연 비타민 C는 아스코르빈산보다 생체 이용률이 더 좋다.
- 감귤류에서 추출한 천연 비타민 C는 LDL 콜레스테롤 산화를 예방하는데 비타민 E보다 더 강력할 수 있다.

- 셀렌selenium과 함께 비타민 C는 단백질의 당화glycation 및 당화의 최종 산물 형성을 저해한다.
- 폴리페놀은 심혈관 질환, 뇌혈관 질환, 폐암, 전립선암을 포함하는 다양한 만성 질환에 대해서 보호효과를 준다.
- 폴리페놀은 전립선-특이 항원prostate-specific antigen과, 전립선암에서 작용하는 것으로 여겨지는 남성호르몬 조절 단백질인 아로마테이즈aromatase를 차단할 수 있다.
- 폴리페놀은 합성 에스트로젠의 암 세포 증식 효과를 차단한다. 폴리페놀은 항-에스트로젠 및 항암 효과를 갖는다.
- 녹차의 카테친catechins(EGCG)은 강력한 항-알러지 활성이 있다.
- 녹차의 카테친은 열 발생 성질이 있어서 체중 감량을 돕는다.
- 포도씨의 프로안토시아니딘proanthocyanidin 추출물은 DNA 절편화fragmentation에 대한 보호작용이 있으며 흡연가 구강의 각질세포keratocyte의 세포자살을 감소시킨다.
- 프랑스 소나무 껍질로부터 추출한 파이크노제놀pycnogenol은 효과적인 항-염증제이다.
- 일부 과일, 씨, 특히 적포도 껍질에서 발견되는 레스베라트롤resveratrol은 항노화 효소를 활성화시킬 수 있다.
- 크랜베리 쥬스 보충제는 콜레스테롤 운반을 반전시켜, 총 콜레스테롤과 LDL를 감소시킨다.

비타민 C와 폴리페놀 일일 코어 처방

- 감귤류로부터 추출한 천연 비타민 C ‣ 500~1,000 밀리그램
- 혼합 플라보노이드 ‣ 100~500 밀리그램
- 포도씨 프로안토시아니딘 또는 파이크노제놀 ‣ 10~50 밀리그램
- 레스베라트롤 추출물 ‣ 2~20 밀리그램
- 녹차 카테킨에 대해 표준화된 녹차 추출물 ‣ 50~100 밀리그램
- 크랜베리 쥬스 추출물 ‣ 반복적으로 발생하는 요로감염 예방을 위해서 500 밀리그램. 항산화 보호 작용을 위해서 15~25 밀리그램.

여러 항산화제 배합의 이득효과 요약

항산화제 수준과 퇴행성 신경질환과의 관계에 대해서는 널리 연구되어 있으며 그 결과는 신경생물학 및 신경과학 잡지에 발표되어 왔다. 이들 연구들이 밝힌 내용은 다음과 같다.

- 알츠하이머 환자들의 비타민 A, C, E 수준은 상당히 낮다.
- 혈관성 치매환자들의 경우, 비타민 A, C, 베타-카로틴의 수준이 낮다.
- 낮은 수준의 리코펜lycopene은 파킨슨 질환과 연관되어 있다. 그러나 알츠하이머 또는 혈관성 치매와는 관련이 없다.
- 어떤 단일 항산화제도 알츠하이머, 혈관성 치매, 파킨슨 모두에서 낮은 경우는 없다. 이러한 발견은 퇴행성 신경 질환을 예방하기 위해서는 위에 언급한 항산화제 모두를 함께 공급하는 것이 중요

함을 강조하는 것이다.

또한 혈액 내 항산화제 수준을 복구하게 되면 다음과 같은 일이 발생할 수 있다.

- 염증 및 자유라디칼에 의한 손상을 촉진하는 TNFα가 저해된다.
- 류마티스성 관절염의 위험률 또는 정도가 감소된다.
- 나이 들면서도 정상적인 뇌기능 유지가 가능하도록 돕는다.
- 알츠하이머 질환 발생이 감소된다.
- 난소암 위험률이 감소된다.

미토콘드리아 DNA의 산화적 손상을 감소시키는 항산화제들

미토콘드리아 DNA의 산화적 손상은 노화에 대한 근본적인 원인이 된다. 앞서 언급한 항산화제 외에도, 최근에는, 세포 내 주에너지-생산 장소인 미토콘드리아에 별도의 보호 작용을 제공하는 새로운 계열의 항산화제들이 조명을 받게 되었다. 보충제 속의 여러 성분 중에 코엔자임 큐 텐Coenzyme Q10(또는 코큐텐, CoQ10), 알파-리포산alpha-lipoic acid, L-카르니틴L-carnitine은 미토콘드리아 DNA를 보호하고 기능을 도와주는 항산화제들이다.

코큐텐

유비퀴논ubiquinone이라고도 불리는 코큐텐은, 세포 내에서 발전소 역할을 하는 미토콘드리아에서, 에너지-생산 장치의 일부로서 미토콘드리아 내부에 다량 존재한다. 코큐텐은 에너지-높은 분자들을 ATP로 전환하는 과정에서 전자 수용체/양자proton 공여자 역할을 한다. 일반적으로, 대부분의 노화상태는 코큐텐의 부족으로 인한 미토콘드리아의 기능장애에 의해 발생되는 것으로 이해되고 있다.

코큐텐은 모든 생명체에서 여러 가지 형태로 존재한다. 코큐텐은 우리 몸에서 합성될 수 있기 때문에 사람에서 비타민으로 분류되지 않고 있으나 아미노산 타이로신으로부터 코큐텐이 합성되는 과정에는 여러 가지 비타민 B, 비타민 C, 미량 무기질을 포함하는 12종의 조절영양소가 필요하다. 흥미롭게도, 타이로신으로부터 DNA를 구성하는 염기의 합성과정에도 코큐텐 합성에 필요한 동일한 조절영양소들이 요구된다. 결론적으로, 여러 조절영양소의 결핍은 코큐텐의 수준을 감소시킨다. 따라서 코큐텐 보충시에는 코큐텐 합성과정에 참여하는 비타민과 무기질도 함께 보충해야 한다.

의학적 관심 대상인, 로바스타틴Lovastatin 같은 스타틴Statin계 약물의 주 부작용은 코큐텐의 생산과 체내 저장량을 감소시키는 것이다. 스타틴은, 심혈관 질환의 위험요소인 콜레스테롤을 낮추기 위해서 사용되는 약물인데 모순되게도, 코큐텐 수준을 낮춤으로서 심장근육을 약하게 하고 심근병증cardiomyopathy을 유도할 수 있다. 따라서 스타틴 약물을 사용할 때는 코큐텐을 함께 보충해주어야 한다.

코큐텐은 두 가지 결정적인 역할 즉, 항산화제와 생체에너지 발생분자로서 작용한다. 이 두 역할은 상호 의존적 관계에 있다. 스트레스는 에너지를 감소시키고 우리를 아프게 할 수 있다. 왜냐하면 스트레스시는 산화적 부담이 증가되기 때문에, 세포 보호를 위해서는 더 많은 항산화제가 필요해지기 때문이다. 우리 몸이 세포 보호를 위해 항산화제를 사용할 때는, 에너지 생산에 사용될 항산화제는 거의 없게 된다. 동시에, 스트레스 시에는 항산화제 요구량이 증가되어 체내 코큐텐 합성을 증가시켜야 하나 코큐텐 합성에 필요한 비타민 및 무기질 수준까지도 스트레스 시는 감소되어 있다. 또한 우리가 노화되면서 코큐텐의 수준은 떨어진다. 다음은 과학적으로 밝혀진 코큐텐의 효과이다.

- 세포막과 LDL에서 지질 산화를 저해한다.
- 산화적 손상으로부터 DNA를 보호한다.
- 운동에 의한 산화적 손상으로부터 근육을 보호한다.
- 산화적 손상으로부터 뇌를 보호한다.
- 세포막을 안정화시키고 항산화제인 비타민 E를 재생시킨다.
- 심장기능을 증진시키고 심장발작으로부터 신속한 회복을 돕는다. 따라서 심장 수술시 보조요법으로서 효과적이다.
- 정상적인 세포자살apoptosis을 유지하고 암예방을 도울 수 있다.
- 갑상선 장애를 예방한다.

L-카르니틴 L-Carnithine (N-Acetyl-L-Carnithine)

코큐텐이 주는 활력 보강효과는 L-카르니틴N-acetyl-L-carnitine의 보충에 의해 증진된다. 카르니틴은 미토콘드리아의 에너지 발생 과정에서 조건적 필수 영양소로 간주되고 있다.

카르니틴은 미토콘드리아 외부의 지방산을 내부로 운반시켜 에너지 생성에 사용될 수 있게 한다. 심장 근육은 주에너지 급원으로서 지방산을 사용하기 때문에 카르니틴이 결핍되면 심장 기능이 감소된다. 우리 몸에서 카르니틴은 아미노산, 특히 S-아데노실 메티오닌S-adenosyl methionine과 라이신lysine으로부터 비타민 B_6, 나이아신, 철, 비타민 C의 도움하에 합성된다. 결론적으로, 여러 미량 영양소가 결핍되면 카르니틴도 결핍될 수 있다. N-아세틸-L-카르니틴은 카르니틴의 조효소 형태로 간주될 수 있으며 노화 시 뇌와 신경기능의 유지에 필요하다.

알파-리포산 Alpha-Lipoic Acid

알파-리포산은 수용성이면서 동시에 지용성이기 때문에 몸 전체를 보호할 수 있는 자유자재의 항산화제이다. 알파-리포산은 항산화제 네트워크를 구성하는 중요한 구성원으로서, 다른 수용성 항산화제(비타민 C)와 지용성 항산화제(비타민 E와 코큐텐)를 완전활성형태로 복구시킨다. 리포산은 나이아신 조효소(NADH)를 사용해서 스스로를 재생시킬 수 있다. 또한 리포산은 포도당이 에너지로 전환되는 과정에서 중요한 조효소로 작용하여 혈당유지를 돕는다.

리포산은 자유라디칼을 생성시키는 금속을 격리시킴으로써 DNA를 보호하며, 유전자 발현에서 긍정적 효과를 준다. 리포산은 피부와 소화시스템을 통하여 쉽게 흡수된다. 다음은 리포산이 건강에 주는 이득 효과이다.

- 지용성, 수용성 세포 구성분 모두를 보호한다.
- NF-κB가 DNA에 결합하는 것을 차단한다(NF-κ B가 DNA 복구 과정에 영향을 주는 핵심 물질이지만, 부정적인 방식으로 영향주기 때문에

DNA 복구를 위해서는 차단되어야만 한다).

- 탄수화물 대사를 증진시킨다.
- 근육에서의 인슐린 저항성을 감소시킨다.
- 적혈구 세포의 지질 막에 대해 당뇨병이 갖는 해로운 효과를 감소시킨다.
- DNA / RNA 산화를 감소시킴으로서 기억력 감소를 역전시킨다.
- 뇌의 에너지를 증가시키고 근 골격계의 수행 능력을 증가시킨다.

코큐텐, 카르니틴, 알파-리포산에 대한 일일 코어 처방. 처방되는 보충제는 아래와 같다:

- 코큐텐 ‣ 30~280 밀리그램
- L-카르니틴 퓨마르산 또는 아세틸-L-카르니틴 ‣ 일반적인 항노화 효과를 얻기 위해서 항산화 종합 보충제의 일부로서 50~100 밀리그램.
- 알파-리포산 ‣ 당뇨 및 당뇨 합병증에 대해서 또한 진행된 당화 최종 산물advanced glycation end products을 감소시키기 위해서 500~1,000 밀리그램.

| 참고 | 위의 처방에 사용된 영양소들을 서로 배합하여 복용할 경우 각각의 필요량은 줄어든다.

DNA 복구를 증진시키는 영양소들

DNA 복구를 증진시키는 것으로 알려진 천연물질로서는, CAE(고양이 발톱이라는 식물껍질 추출물)가 있다. CAE는 나이아신 아마이드, 아연, 카로티노이드와 같은 미량영양소와 함께 작용한다. 노화 과정을 지연시키고 노화-관련 질환 발생을 감소시키기 위해서 DNA 복구는 결정적이다. 스웨덴 룬드 대학의 생화학과에 근무하는 로날드 페로 박사Dr. Ronald Pero와 그의 연구팀을 비롯하여 다른 연구자들이 CAE 추출물에 대해 발견한 것은 다음과 같다:

- 독성 없이 면역기능을 증진시킨다.
- 예방접종 후 항체 반응을 증진시킨다.
- 백혈병에서 백혈구의 세포자살을 유도하고 성장을 지연시킨다.
- 나이아신, 카로틴, 아연과 함께 DNA 복구를 증진시킨다.
- 비선택적으로 면역세포를 증가시킨다.

다음은 염증과 면역기능 감소에 기인한 노화 상태를 어떻게 CAE가 완화시키는지를 보여주는 사례들이다.

62세의 남성 R은 헤르니아 디스크herniated disc 제거 수술을 받았다. 수술 후에 8년 동안이나 좌골 신경통으로 고생했다. 그는 근육을 이완시키고 염증을 감소시키기 위해 여러 약을 시도했으나 어느 것도 효과적이지 않았다. CAE(350 밀리그램)을 함유하는 추출물을 하루에 두 번 섭취하면서 얼마 지나지 않아, 그는 유연성이 증가되고 뻣뻣한 근육이 완화되는 것을 느꼈다. 보충제를 복용하는 한, 그는 어떤 통증도 좌골 신경통도 느끼지 않았다. 그러나 CAE 추출물 섭취를 중단하면 그 증세는 재발했다. 다시 보충제를 복용하기 시작하면, 통증과 뻣뻣함은 사라졌다. R은 또한 감기와 독감에 대한 저항력도 높아졌음을 느낄 수 있었다.

D는 막 은퇴한 우체국 근로자로서, 이마 오른쪽에 완두콩 크기의 종양을 가지고 있었다. 6개월이 채 지나지 않아, 그것은 조그만 계란 크기로 자랐다. 의사는 그에게 수술을 권했으나, 수술 날짜를 잡기 전에 그는 매일 CAE를 함유하는 수용성 추출물 350밀리그램을 섭취하기 시작했다. 그 종양은 현저하게 줄어들기 시작하여 D는 수술날짜를 지연시켰다. 4개월 후에, 그 종양은 완전히 사라져서 수술은 필요하지 않게 되었다. D는 현재 예방요법으로서 항노화 종합 비타민과 CAE를 포함하는 코어 기능성 식품을 매일 복용하고 있다.

R은 31세의 여성으로 영업 전문가이다. 그녀는 19세에 류마티스성 관절염을 진단받았다. 그녀의 상태는 29살이 되었을 때 더 악화되어 여러 가지 약물에 의존할 수밖에 없었다. 이들 약물에는 독성이 강한 프레드니손, 면역억제제인 아줄파딘Azulfadine, 항-관절염 약물인 플라퀘닐Plaquenil이 포함되어 있었다. 또한 일 년에 3~4번, 염증이 있는 관절에 코티손 주사를 받았다. 주기적으로 재발하는 통증은 등록된 통증지수에서 가장 심한 것이었다. 특히 여행하는 중에는 참을 수 없을 정도였다. 당연히, R은 운전, 컴퓨터 작업, 운동과 같은 일이 어려워지는 삶의 제약을 갖게 되었다.

R은 350밀리그램의 CAE 추출물을 하루에 두 번 1년 동안 복용하였다. 그 일 년 동안, 프레드니손 복용은 하루 20 밀리그램에서 7.5밀리그램으로 감소되었다. 또한 다른 약물들도 점진적으로 감소하다가 완전히 끊게 되었다. 무엇보다도, 그녀의 삶의 질이

현저하게 좋아졌다. 그녀는 직장 일을 잘 수행할 수 있게 되었고, 정신기능이 좋아졌고, 관절염이 발생되기 전의 삶을 회복하였음을 느끼고 있다.

F는 70세 여성으로 류마티스성 관절염과 심하지 않은 전신 홍반성 루프스로 수년 동안 고생해 오고 있었다. 그녀는 거의 항상 늘어지고 피로하였으며 관절은 기형의 형태로 붓고 염증이 있었으며 그로 인해 항상 통증으로 시달리고 있었다. 그녀가 복용하고 있는 면역억제 약물로 해서 그녀의 저항력은 바닥상태가 되었고 그리하여 잦은 감기와 독감에 시달리게 되었고 녹내장과 노화에 따른 시력감퇴가 진행되고 있었다.

F는 CAE 추출물(350 밀리그램, 하루에 두 번)을 18개월 동안 복용하였다. 보충제를 복용하기 시작하자 곧, 통증과 염증이 현저히 감소하는 것을 느낄 수 있었다. 보충제를 복용하기 시작한 이래 감기와 독감을 겪지 않게 되었다. 그녀의 의사는 그녀의 증세가 현저하게 완화된 것은 물론이고 눈도 좋아졌음을 관찰할 수 있었다. 그 의사는 이런 개선 효과는 류마티스 증세가 감소한 것에 기인한다고 하였다.

H는 소매상을 운영하는 30대 남성으로 10년 이상 동안 심한 복통cramping, 설사, 출혈을 동반하는 궤양성 대장염으로 고생하고 있었다. 내시경 검사 결과 대장에서 약 60센티미터에 걸쳐 궤양이 퍼져있었다. 처음에 그의 의사는 하루에 설파살라진sulfasalazine 500밀리그램을 처방했으나 계속하여 증가하는 염증을 막기 위해 약의 용량을 지속적으로 증가시키고 있었다. 상황이 악화되자, H는 대체치료를 알아보기로 결심하였다. 먼저, 그는 설파살라진과 함께 CAE 추출물(하루 200 밀리그램)을 복용하였다. H는 그의 상태와 염증

재발이 거의 즉각적으로 완화되는 것을 느꼈다. 설사가 멈춘 것은 물론이고 대변에 출혈도 더 이상 나타나지 않았다. CAE 추출물을 복용한 지 두 달 후에 행한 대장 내시경에서는, 궤양 부위가 상당히 줄어든 것으로 나타났다. H는 현재 소량의 설파살라진과 함께, CAE 추출물을 복용하고 있다. 그의 기력이 좋아졌고 삶의 여러 가지 면이 긍정적으로 변하였다.

DNA 복구를 증진시키기 위한 일일 코어 처방. 다음의 보충제가 포함된다:

- CAE 추출물 ‣ 350 밀리그램
- 나이아신 아마이드 ‣ 100~300 밀리그램
- 아연(아미노산과 킬레이션 된 것) ‣ 아미노산과 킬레이션된 형태의 다른 무기질과 균형을 맞추기 위한 것 외에도 10~25 밀리그램

PGH 유전자 변신 처방 요약

항노화를 위한 종합 비타민 미네랄 보충제가 포함해야 하는 것을 요약해 보기로 보자. 앞에서 제안한 보충제들은 종합 항노화 포뮬러들 속에 포함되어 있으며, 이외에도 항노화 포뮬러들은 총체적인 항노화 프로그램에서 중요하게 여기는 부가적인 성분들도 다수 포함하고 있다.

최고 품질의 포뮬러들은 미네랄을 아미노산과 킬레이션된 형태로 영양권장량에 근접한 수준으로 포함하고 있기 때문에, 하루 2-3

번으로 나누어 총 6-8정 복용해야 한다. 여러 알을 복용해야 하는 이유는 특히, 칼슘과 마그네슘과 같은 미네랄은 고용량이 요구되기 때문이다. 또한 미네랄은 적절한 킬레이션을 위해 다량의 아미노산이 필요하다. 칼슘과 마그네슘의 경우, 아미노산과 미네랄의 비율은 대략 4 : 1이다. 이 말은 마그네슘 200밀리그램을 복용하기 위해서는 아미노산과 킬레이션된 형태로서는 1,000밀리그램이 필요함을 의미한다. 평균적으로 하나의 캡슐은 750밀리그램만을 함유할 수 있다. 따라서 항노화 기능성 성분을 포함하는 전문적인 종합 포뮬러는 하루 3번에 걸쳐 총 4캡슐(또는 정)을 복용해야 한다. 표 6.2는, 우리의 맞춤 유전자 건강 프로그램에서 제공하는, 하루 두 번 2정씩 총 4정 복용하는, 종합 멀티보충제에 포함되어 있는 다수의 항노화 성분들을 보여주고 있다.

이 항노화 종합 멀티보충제는 모든 사람이 공통적으로 복용해야 하는 코어보충제이다. 당신의 유전자 SNP 스크리닝(제7장에 기술되어 있음) 결과에 따라서 당신 개인의 맞춤형 항노화 프로그램을 위해서는 표 6.3~6.8에 제시되어 있는 보충제들 중 일부가 부가적으로 더 필요할 수 있다.

유전자 발현 최적화

지방산 보충제 또한 당신의 항노화 처방에 포함된다. 지방산은 오일이어서 연질 캡셀 형태로 만들어져야 하기 때문에 앞서 설명한 멀티 포뮬러에는 포함되어 있지 않다.

다양한 오일들이 액상 포뮬러 형태로 제공되고 있으며 이들은

| 표 6.2. | 항노화를 위한 일일 PGH 유전자 변신 보충제 권장안

기능성 성분	일일 용량
메틸화 또는 유전자 발현 최적화	
비타민 B1, B2, B6	각각 10–100 mg
판토텐산	1,000 mg까지
엽산	400–800 mcg
비타민 B12와 비오틴	각각 150–300 mcg
칼슘 구연산 & 말산 킬레이트 화합물	500–1,000 mg
요오드(요오드산칼륨 또는 해조류)	150 mcg
마그네슘 아미노산 킬레이트 화합물	400–1,000 mg
아연 히스티딘 또는 글리신 화합물	10–25 mg
셀렌 모노-메티오닌 화합물	100–200 mcg
구리 아미노산 킬레이트 화합물	0.5–2 mg
망간 아미노산 킬레이트 화합물	5–10 mg
크롬 아미노산 킬레이트 또는 폴리-나이아신 화합물	100–200 mcg
몰리브덴 아미노산 화합물	50–150 mcg
칼륨 아미노산	9 mg
붕소 아미노산 킬레이트 화합물	1–3 mg
바나듐 아미노산 킬레이트 화합물	50–100 mcg
DNA 손상 및 산화 스트레스 감소를 위한 항산화제	
비타민 A	2,500–5,000 IU
천연 복합 카로틴(비타민 A 활성을 갖는 알파-, 베타-, 감마-카로틴) 루테인, 지아잔틴, 리코펜, 아스타잔틴	5,000 - 10,000 IU
비타민 E, 천연 토코페롤과 토코트라이엔올의 혼합	200–400 IU
비타민 K	50–400 mg
비타민 D	200–400 IU

비타민 C(천연 자몽 추출물, 아스코르빈산-팔미트산, 아스코르빈산)	500-1,000 mg
식물성 항산화제(녹차, 마늘, 바이오-플라보노이드, 안토시아닌, 레스베라트롤, 퀘르세틴, 크리신)	100-200 mg
DNA 복구 및 염증 감소	
CAE 추출물(별도의 보충제가 필요할 수 있음)	350 mg
아연 히스티딘 또는 글리신 화합물	10-25 mg
나이아신 아마이드	100-300 mg

다양한 오일들이 액상 포뮬러 형태로 제공되고 있으며 이들은 필수 지방산들을 함유하고 있다. 이 오일들은 티스푼으로 복용하거나 또는 음료나 식품에 첨가하여 복용할 수 있다. 우리는 표 6.3과 같이 5가지 포뮬러를 권장하고 있다. EPA와 DHA을 함유하는 생선 오메가-3 블렌드는 심혈관 보호를 위한 것이고 두 번째 오메가-3 블렌드는 뇌, 신경, 눈 기능을 위한 것이다. 오메가-3, -6, -9 블렌드는 지방산 보충을 위한 것이다. 감마-리놀렌산Gamma-linolenic acid(GLA)은 오메가-6 지방산으로, 알러지, 류마티스, 습진에 권장되고 있다.

| 표 6.3. | 유전자 발현 촉진

기능성 성분	일일 용량
생선 오메가-3 블렌드 : EPA (300 mg), DHA (200 mg)	1,000-3,000 mg
오메가-3 블렌드 : EPA (200 mg), DHA (500 mg)	500-1,000 mg
오메가-3 DHA 단독	500 mg
오메가-3,-6,-9 블렌드 : 아마씨, 보라지씨 오일로부터	1,000-3,000 mg
오메가-6 감마리놀렌산 : 달맞이꽃 또 보라지 기름으로부터	200-600 mg

당신 유전자의 특정 부분은 일생의 여러 단계에서 정상적으로 가려져 있다. 그러나 과도한 메틸화는, 발현되어야 할 유전자를 침묵의 상태가 되게 할 수 있다. 여러 메틸화제methylationg agents들은 이들 중요한 DNA 부분에서 메틸기를 제거하여 그 부분의 DNA 정보가 적절히 발현되게 한다.

우리가 제공하는 멀티 비타민 미네랄 포뮬러에는 가장 효과적인 메틸화제들, 비타민 B_{12}, 엽산이 이미 포함되어 있다. 그 외 다른 중요한 메틸화제에 대해서는 표 6.4에 제시하였다.

표 6.4에 제시된 영양소들은 인지 기능, 기억력, 정신기능을 향상시키는 것들이며 흔히, 뇌기능 개선제 및 정서를 안정화시키는 포뮬러들 속에 포함되어 있는 성분들이다.

염증 차단

CAE 추출물은 NF-κB를 저해하기 때문에 염증을 차단시키는 가장 중요한 기능성 성분이다. 인도 약초 중에 일반인들에 인기가 있는 보스웰린Boswellin과 쿠르쿠민curcumin은 염증을 촉진시키는 COX-2

표 6.4.	메틸화제	
기능성 성분	**일일 용량**
알파-GPC (글리세릴포스포콜린) 또는 콜린	1,000 mg 까지
S-아데노실 메티오닌 (SAMe)	200-1,200 mg
트리메틸글리신 (TMG)	100-200 mg
다이메틸 아미노에탄올 (DMAE)	500-1,500 mg

를 저해한다. 이들 약초들은 관절염증을 완화시키고 CAE의 항-염증 효과를 상승시키는 것으로 오랫동안 알려져 온 것들이다. 보스웰린은 국부용 크림으로서도 이용가능하며 두 약초 모두 캡슐 형태로 이용 가능하다.(| 표 6.5 |를 보기 바람)

면역기능 강화

표 6.6에 제시된 포뮬러에는, 생균제Probiotics/acidophilus, 생균활성제prebiotics(아라비노갤락탄 또는, 프락토올리고당), 아미노산, 약초와 같은 항노화 기능성 성분들이 포함되어 있다.

| 표 6.5. | 항-염증 허브

기능성 성분	일일 용량
보스웰린 70% 추출물 캡슐	200 mg 하루 3번
캡사이신 또는 메틸 살리실산염 함유 보스웰린 크림 5%	하루 3번
쿠르쿠민 (Curcuma longa) 95% 추출물 캡슐	250 mg 하루 3번

|표 6.6| 면역증강제

기능성 성분	일일 용량
복합 소화제, 판크레아틴 (8배 농축) 또는 효모 효소	300–500 mg
복합유산균제 (생균제) 최소	30억 단위
아라비노갤락탄 (Larix occidentalis) 또는 프락토올리고당 (FOS) (생균활성제)	200–500 mg
약용버섯	500–1,000 mg

부가적인 항산화제들

표 6.7에 제시된 항산화제들은 우리가 노화되면서 감소되는 미토콘드리아 기능을 보존하는데 필수적인 것들이다. 이들 항산화제들은 심혈관계(협심증, 고혈압, 심혈관 질환) 보호 기능이 있으며, 스타틴계statin 약물을 복용하는 사람들은 반드시 복용해야 하는 것들이다. 또한 알파-리포산, 코큐텐 보충제들은 단백질의 당화glycation, 산화 스트레스 및 당뇨 예방 효과가 있는 것으로도 알려져 있다. L-카르니틴과 코큐텐 간에는 상승작용이 있어, 함께 복용하면 이득 효과가 증가한다.

황 함유 항산화제들은 종양 촉진 효소들을 차단함으로서 유전자 발현을 변경시킨다. 이들의 활성은 비타민 C와 일부 플라보노이드에

|표 6.7| 미토콘드리아 항산화제

기능성 성분	일일 용량
코큐텐	60–120 mg
알파-리포산	50–100 mg
L-카르니틴 또는 N-아세틸 카르니틴	50–100 mg

|표 6.8| 황 함유 항산화제

기능성 성분	일일 용량
십자화과 채소 추출물	500–1,000 mg
칼슘 D-글루카레이트	500 mg
다이인돌릴메탄(DIM)	150 mg
숙성마늘추출물	100–500 mg

의해서 촉진된다. 일부 십자화과 채소 추출물은 특이적 보호효과를 가지고 있다. 예를 들면, 마늘은 항바이러스, 항균작용이 있다. | 표 6.8.|

PGH 유전자 변신 보충제 복용하기

이 장에서 제시한 보충제 대부분은 다른 회사제품 들에서도 볼 수 있다. 인터넷 검색을 하면 한 가지 특정 보충제에 대해서 여러 회사제품을 찾을 수 있다. 그러나 항노화 프로그램을 위해 특별히 고안된 우리의 유전자 변신 보충제들을 사용할 것을 권한다. 그 이유는 무엇보다도, 좋은 품질의 보충제라고 주장하는 상당수의 회사 제품들도 실제 효능을 알기가 어렵기 때문이다. 실제로 회사 자체의 신뢰도를 파악하기가 쉽지 않다.

또 다른 중요한 이유는 PGH 유전자 변신 보충제들은 우리의 항노화 프로그램을 위해서 전문적으로 성분과 함량이 결정된 것이다. 이러한 이유로 해서, PGH 유전자 변신 프로그램 참가자들은 돈과 시간을 절약할 수 있게 된다. 만약, 당신이 이들 성분 각각을 별도의 캡슐 또는 정제로 복용한다면 하루 두 번에 걸쳐 모두를 삼키기가 어려울 것이다. 설사 당신이 두 번에 걸쳐 모두를 삼킨다 해도, 적당량의 식사를 동시에 한다는 것은 매우 어려운 일이다. 여러 다른 병에서 한 알씩 꺼내서 복용하는데 걸리는 시간은 차치하더라도, 여러 병들을 보관하고 관리하는 데에도 긴 시간이 걸릴 것이다. 이것은 사람들이 부담 느끼지 않고 하루 두 번씩 매일 하기에는 무리가 있는 일이다.

그리고 우리가 계산하기로, 동량의 기능성 성분들을 각각 따로 같은 양을 구매하는 가격은 PGH 유전자 변신 코어영양 프로그램을 위해 고안된 것들의 두 배 가격에 가까웠다. 이러한 모든 이유로 해서 PGH 유전자 변신 프로그램 전체를 따르는 것이 가장 쉽고, 빠르게, 경제적으로 당신의 세포 건강을 최적화시킬 수 있는 길이 된다.

7

맞춤 유전자 건강 프로그램 전과정: 유전자 변신 완료

인간은 누구나 자신의 상상력의 한계를 세상의 한계라고 믿는다. **쇼펜하우어**

지금까지 이 책에서 다룬 핵심 개념을 요약해보자. 유전학자, 항노화 의사들을 포함하는 다양한 분야의 과학자들이 포유동물 대상의 연구를 통하여, 노화는 지연될 수 있는 것이고 최적의 건강 기간은 증가될 수 있는 것임을 입증해 왔다. 침팬지 대상의 최근 연구들은 침팬지와 인간이 유전학적으로 98.7% 동일함을 보여주고 있다. 사람과 침팬지 대상의 획기적인 연구들은, 칼로리 제한에 의해 유전자의 작동 방식이 바뀌고 노화과정에 대해 긍정적인 환경이 조성됨을 말하고 있다. 또한 우리의 내적 외적 환경은 유전자와 DNA를 조절하는 중요한 요소임을 논의하였다.

이제 우리는, 당신의 유전자가 얼마나 효율적으로 기능하고 있는 지 알아보기 위해, 칼로리 제한 시 영향받는 유전자 그룹을 분석할 수 있다. 우리가 분석하는 것은 당신 유전자들의 잠재적인 활성으로서 이 유전자들은 메틸화, 염증, 당화, 산화, DNA 복구 과정이라는 핵심 세포과정들을 조절하는 것이다. 일단, 우리가 당신의 유전자 효율성을 분석하고 나면(활성이 100%인 사람은 어느 누구도 없다는 것을 알아야 한다) 우리는 세포 수준에서 칼로리 제한 효과를 재현하고 보다 긍정적으로 노화가 일어나도록, 당신의 유전자 및 그 유전자와 관련된 세포대사에 작용하는 특정 기능성 보충제를 처방할 수 있다. 이러한 방식으로 우리는 당신이 물려받은 유전자의 비효율성을 영양학적으로 보완해 줄 수 있다. 이 과정은 후생유전학이라는 새로운 학문에 근거한 것이다. 우리의 유전자 변신 프로그램을 따름으로써 당신은 후생유전학이라는 새로운 학문의 이점을 누리게 된다.

PGH 유전자 변신 효과

PGH 유전자 변신 프로그램을 따르면, 세포의 내부 환경이 변화되어 엄격한 칼로리 제한 없이도 칼로리 제한 시와 유사한 효과를 누릴 수 있게 된다. 이 프로그램은, 노화를 지연시키고, 수명을 연장시키고, 건강의 질을 증진시키는 것으로, 과학적으로 입증된 변화들을 세포수준에서 재현시키는 것이다. 또한 세포 내에서 일어나는 5개 과정을 개선함으로써, 제 2형 당뇨, 암, 근육 퇴행, 알츠하이머 질환, 심혈관 질환, 비만, 관절염 같은 노화-관련 질환을 지연시킬 수 있게 된다.

우리의 부모에게 발생했던 노화 과정을 우리도 똑같이 밟을 필요가 없음을 이제 우리는 안다. 앞장에서 우리가 제시한 보충제

가이드라인과 PGH 유전자 변신 프로그램을 따른다면 노화 과정은 훨씬 더 긍정적이 될 것이고 그리하여 당신의 노화는 상당히 지연될 것이다. 이제 당신은 보충제를 섭취하는 목적과, 식이를 개선하고 스트레스를 제거하고 매일 운동 하는 방향으로 라이프스타일을 바꾸는 것의 중요성을 알기 때문에 어렵지 않게 PGH 유전자 변신 프로그램을 시작할 수 있을 것이다. 당신은 또한 당신의 생각이 어떻게 DNA 기능에 영향 주고, 당신의 감정에 의해 형성된 전자기장을 통해서 당신의 생각이 어떻게 전달되는지 안다. 이제 당신은, 항노화라는 것은 전적으로 당신의 유전자가 최적의 환경 속에서 최고의 잠재력으로 기능하도록 가능한 모든 것을 하는 것임을 안다. 다음을 반드시 기억하기 바란다.

유전자 + 환경 = 당신 건강의 질

이들 모든 변화들은 당신의 맞춤 유전자 건강 프로그램이 더 빠르게 더 효율적으로 효과를 발휘하게 해준다.

PGH 유전자 변신이라는 의학적 진전이 당신에게 제공하는 것은 당신 개인의 유전적 필요성에 근거한 맞춤형 건강 프로그램이다. 이 프로그램은 편리하면서도 경제적이며 병원에 갈 필요 없이 집에서 검사 키트를 받아서 참여할 수 있는 프로그램이다. 우리는 인터넷을 통하여, 검사 결과를 직접 당신에게 보내주고, 최적의 노화 프로그램과 가장 최신의 관련 연구에 대한 유용한 정보를 당신에게 보내 준다.

PGH 유전자 변신 프로그램

PGH 유전자 변신 프로그램 진행과정을 단계적으로 살펴보면 다음과 같다. 시작은 간단하다. 검사키트에 있는 칫솔처럼 생긴 조그만 브러시를 사용하여, 뺨 안쪽에서 점막세포 샘플을 채취하는 것으로부터 이 프로그램은 시작된다. 뺨 안쪽을 브러시로 문지르면, DNA를 함유하고 있는 점막 세포가 일부 떨어져 나온다. 이 샘플을 분석실로 보내면, 노화-관련 질환에 포함되고 칼로리 제한 시 영향받는 것으로 알려진 5개 필수 세포과정과 관련된 당신의 유전자들이 분석된다. | 그림 7.1 | 을 보기 바람

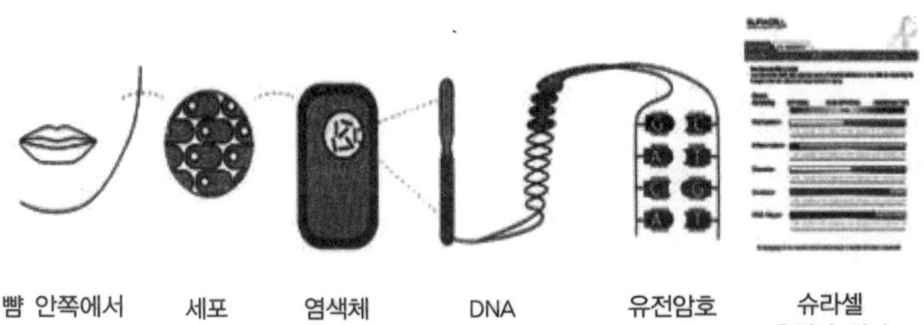

| 그림 7. 1 | 유전자 맞춤 건강 및 노화 관리 프로그램은 유전자 프로파일 분석과 함께 시작된다.

5개 세포과정에 대해서는 "DNA기능에 영향 주고 PGH 변신 프로그램에 의해 조절되는 다섯 핵심 과정 요약"이라는 제목으로 간략히 192쪽에 제시하였다.

유전자 분석을 위한 점막 샘플 외에도, 당신은 뇨검사를 위해 소량의 뇨샘플도 채취해야 한다. 뇨검사는 DNA 손상과 자유라디칼에 대한 생물지표biomarker를 분석하기 위한 것이다. 또한 당신과 관련된 환경을 평가하기 위한 질문서에 대한 답변도 작성해야 한다. 질문서에 대한 답변은 당신에게 권장되는 노화 관리 보충제 처방에 참고자료가 된다("환경 질문서"를 보기 바람). 뇨검사는 당신의 PGH 유전자 변신 프로그램이 어떻게 작동하고 있는지에 대한 객관적 증거를 위해 4달마다 반복하게 된다. 뇨검사를 4달마다 반복하는 이유는 사람을 구성하는 100조개 세포 각각이 함유하고 있는 약 2미터 DNA가 완전히 새로운 DNA로 치환되는데 걸리는 기간이 4달이기 때문이다.

DNA 기능에 영향주고 PGH 유전자 변신 프로그램에 의해 조절되는 다섯 핵심 과정 요약

메틸화 Methylation(심혈관 건강과 관련 있음) ▸ 특정 유전자를 활성화시키기도 하고 비활성화시키기도 하는 세포과정이다.

염증 Inflammation(뼈 관절 건강과 관련 있음) ▸ 상처, 감염, 손상, 마모 시 몸을 치유하는 세포과정이다.

당화 Glycation(혈당과 체지방 조절과 관련) ▸ 포도당 분자가 단백질 분자 및 세포 수용체에 결합함으로써 기능할 수 없게 하는 세포과정이다.

산화 Oxidation(해독 및 자유라디칼 조절과 관련 있음) ▸ DNA와 세포 막 손상의 주원인 물질인 자유라디칼 분자의 생성을 유발하는 세포과정이다.

DNA 기능(최적의 세포 기능과 관련) ▸ DNA 손상에 대한 한 개인의 현재의 저항능력 또는 유전적 요인, 환경적 요인, 생활습관요인(오염, 스트레스, 식사, 운동수준)에 의해 발생한 DNA 손상을 복구할 수 있는 한 개인의 능력

환경 질문서

1. 흡연을 하시나요?

____ 예 ____ 아니오

2. 대도시에서 거주하거나 근무하시나요?

____ 예 ____ 아니오

3. 일주일에 최소한 30분 정도의 운동을 2번 미만 하시나요?

____ 예 ____ 아니오

4. 직장이나 가정에서 심한 스트레스에 시달리고 있나요?(업무 관련 스트레스, 마감 기한, 상사, 동료, 아픈 아이 또는 노부모를 돌보는 것 등)

____ 예 ____ 아니오

5. 개인적인 스트레스로 시달리고 있나요?(질병, 가족, 친구, 애인의 사망, 결혼 문제 또는 가족 문제)

____ 예 ____ 아니오

6. 일회분 정도의 알콜성 음료를 매일 규칙적으로 마시나요? [일회분은 대략 맥주 한 잔(약 340cc), 와인 한 잔(약 110cc), 소주 한 잔(약 30cc)]

____ 예 ____ 아니오

7. 3잔 이상의 커피를 매일 규칙적으로 마시나요?

____ 예 ____ 아니오

8. 탄산음료나 단맛이 강한 음료를 매일 3잔 이상 마시나요(콜라, 사이다, 설탕 넣은 커피나 녹차, 게토레이드 등).

____ 예 ____ 아니오

9. 의료인(의사, 간호사)으로부터 체중을 줄이라는 말을 들은 적이 있나

요? 또는 당뇨(제1형 또는 제2형)와 같은 대사성 질환이 있나요?

____ 예 ____ 아니오

10. 관절통, 목통증, 허리통증, 척추질환, 또는 최근에 운동 또는 사고로 인한 뼈나 관절 문제가 있나요?

____ 예 ____ 아니오

11. 심혈관 질환에 대해 가족력(자신, 부모, 형제, 자매 중)이 있나요?

____ 예 ____ 아니오

12. 암에 대해 가족력(자신, 부모 또는 형제, 자매 중)이 있나요?

____ 예 ____ 아니오

13. 알쯔하미머 질환 또는 심한 기억 상실에 대해서 가족력(자신, 부모, 형제, 자매 중)이 있나요?

____ 예 ____ 아니오

이들 검사와 동시에, 당신은 제 6장에서 설명한 누구나 공통적으로 복용해야 하는 필수 코어 기능성 보충제들을 섭취하게 된다. 보충제들은 세포 수준에서 복구 작업을 가동하기 시작할 것이다.

영양재충전

보충제 섭취 시작 첫 일주에서 셋째 주 동안, 당신의 몸은 "영양재충전" 단계를 거치게 된다. 이 기간은 그 동안 당신에게 부족했던 필수 비타민, 미네랄, 보조인자, 및 다른 기능성 성분들이 당신의 세포와 세포 주위를 둘러싸고 있는 체액을 채우는 기간이다. 이 기간 동안, 당신 몸을 이루는 100조 개 세포 각각의 내부에서 대사 기능이 놀라울 정도로 개선된다. 세포 내에서 노폐물 제거 또한 현저하게 개선된다. 세포 수준에서 발생되는 실제적 변화에는, 생화학적 대사 경로의 속도와 효율에서의 개선은 물론이고 당신의 유전자가 작동되는 방식에서의 변화가 포함된다. 이러한 변화로 해서 당신은 실제로 달라짐을 느끼게 된다. 동시에, 당신은, PGH 유전자 변신 프로그램에서 제시하는 영양 가이드라인, 운동, 긍정적 사고 및 다른 건강한 라이프 스타일을 실천에 옮기기 시작할 것이다.

유전자 검사 결과

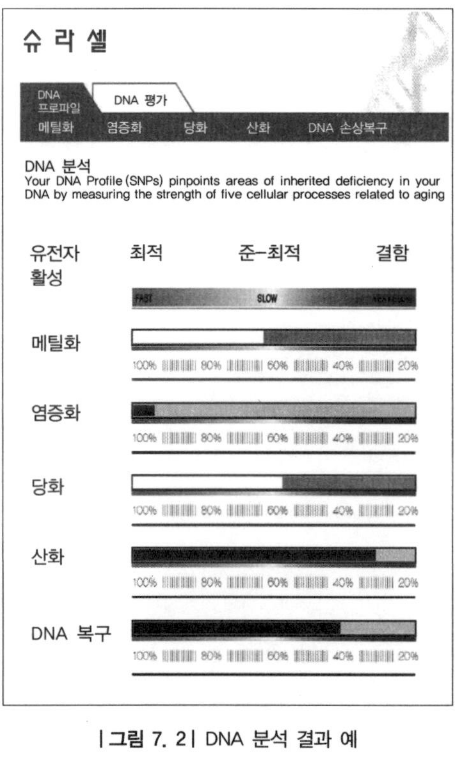

| 그림 7. 2 | DNA 분석 결과 예

대략 2-3주 후에 인터넷 상으로, 당신의 DNA 검사 결과(왼쪽 그림 참조)를 볼 수 있다. 그림에 제시된 검사결과의 이해를 돕기 위해 설명을 하면, 그림에서 막대가 왼쪽에 있다는 것은, 최적의 결과optimal results 또는 정상적인 유전자 기능을 보유하고 있음을 의미한다. 막대가 중간지점에 있으면 준-최적 결과suboptimal results 또는 유전자 기능이 불충분함을 말해준다. 막대가 오른쪽에 있으면, 결함결과deficient results 또는 유전자 기능이 손상되어 있음을 말해주는 것이다. 이들 결과는 당신이 부모로부터 물려받은 유전적 잠재력을 말해주는 것이고 5개 그룹에 속하는 유전자 중 어떤 것이 비효율적인지를 알게 해준다. 이들 결과는 변하는 것이 아니기 때문에 단 한번만 측정하면 된다. 이 유전자 SNPs 검사는 실제 노화-관련 질환의 발생에 대한 위험 평가 분석risk assessment analysis으로 볼 수 있다. 또한 세포 수준에서 칼로리 제한 효과와 좀 더 근접한 효과를 위해 무슨 요법이 필요한지 알게 해준다.

검사결과에 따라, 기능이 효율적이지 않거나 준-최적인 유전자를 보완하기 위해, 전문적 지식을 바탕으로 고안된 의약품 등급의 기능성 보충제가 당신에게 처방된다. 일단 이들 개인에게 맞춤화된 보충제를 섭취하기 시작하고, PGH 유전자 변신 프로그램에서 제시하는 다른 모든 요소들을 지속적으로 따른다면 최종 결과는 3배가 된다 : (1) DNA 손상 감소, (2) DNA 복구 증가, (3) 칼로리 제한과 같은 이득효과.

또한 당신은 뇨검사 결과도 받게 된다. 이 뇨검사 결과는 5개 세포 내 과정이 어떤 수준으로 작용하고 있는 지와 앞으로 어떤 검사를 받아야 할지에 대한 객관적인 기준선을 제시해준다.

영양충만

당신이 주관적으로 느낄 수 있는 개선 효과는 첫 한 달 이내에 뚜렷해진다. 가장 공통적인 효과는 에너지와 수면에서의 확실한 변화를 들 수 있다. 잠을 더 잘 자는 것이 뭔가 나아지고 있다는 증거로 보이지 않을 수 도 있다. 그러나 충분한 수면은 최적의 노화에 대한 가장 중요한 요소 중의 하나이다. 세포 손상 복구는 대부분 잠자는 동안 일어난다. 또한 DNA 손상을 복구하기 위해 필요한 핵심 호르몬이 분비되는 것도 잠자는 동안이다.

대략 3-4개월 후에, 당신의 몸은 "영양충만"이라고 불리는 단계로 돌입한다. 이것은 당신이 복용해 왔던 맞춤형 기능성 보충제가 세포 및 세포를 둘러싸고 있는 체액을 최적의 상태로 포화시켰음을 의미한다. 이제 스트레스가 오거나 초과로 더 필요해진 상황이 와도, 코어영양소와 성분들이 세포 내와 세포를 둘러싸고 있는 주변 환경에 존재하기 때문에 세균, 바이러스, 오염물질, 독소 또는 21세기 환경에 존재하는 여러 다른 스트레스 요인들에 대해 싸워 이길 수 있게 된다.

PGH 유전자 변신 프로그램 참여자는 처음 4개월 후에 확실한 변화를 경험한다. 가장 일반적인 효과는 다음과 같다:

- 하루 전체를 통하여 일관되게 지속되는 에너지.
- 보다 개운한 수면.
- 정신적 피로감 감소.
- 피부의 뚜렷한 질적 개선 효과(보습력 증가, 주름 감소, 피부 늘어짐 감소).
- 체성분 개선 효과(체지방 감소)
- 보다 긍정적인 기분, 정신적/정서적 변화 기폭 감소.
- 감기와 독감에 대한 저항력 증가.

유전자 보호 지수 측정 : 당신의 GPF

4개월 후에, 당신은 집에서 채취한 뇨샘플을 보내 검사함으로써, 항노화 프로그램에 의해, 당신의 노화 과정이 긍정적으로 변하고 있는지를 알아볼 수 있다. 우리는 이들 측정치를 제 3장에서 소개한 "유전자 보호 지수"GPF라고 한다. DNA 손상과 자유라디칼 수준에서의 변화는 여러 가지를 의미한다. DNA 손상률이 낮을수록, 당신의 세포 복사물은 더 좋아지고 있음을 의미하는 것이다. 자유라디칼은 세포 막 수준에서 DNA 손상에 대한 주 원인물질이 되므로, 자유라디칼의 생성속도가 낮을수록 당신 몸의 기능이 더 탁월함을 의미한다. 즉, 세포 수준에서 손상이 감소되고 있는 것이다.

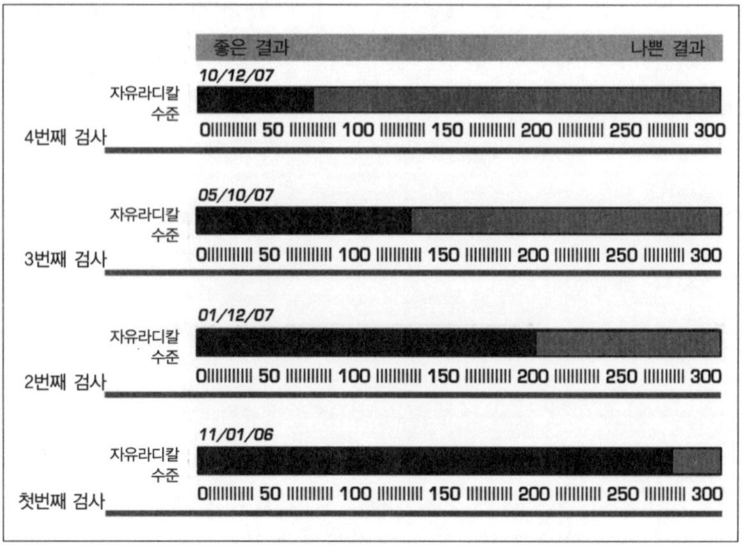

| 그림 7.3 | 주기적인 뇨검사를 통해서 당신의 유전자 보호 지수(GPF)를 알 수 있다. 이 검사는 프로그램 시작 시점과 프로그램 진행 과정 중의 DNA 손상과 자유라디칼 수준을 분석하는 것이다.

당신의 유전자 보호지수와 프로그램의 진행상황을 알아보기 위하여, 대략 매 4개월마다 뇨검사를 반복함으로써 생물지표(DNA 손상정도와, 자유라디칼 수준)를 측정할 수 있다. 이 생물지표는 DNA 수준에서 당신이 개선되고 있음을 말해주는 중요한 객관적인 증거가 된다.

동시에, 당신은 주관적인 수준에서 당신이 어떻게 느끼는지를 평가하기 위해 또 다른 질문서에 답변을 작성해야 한다.("주관적 노화 관리 질문서" 참조) 이 자가-평가 질문서는 에너지, 수면, 당신의 삶의 질에 대해 개선 효과를 평가할 수 있게 해준다.

만약 뇨검사와 자가-평가 질문서 모두에서 개선되는 것으로 나왔다면 당신의 유전자가 작동하는 방식이 확실하게 개선되었음을 의미한다. 이 PGH 유전자 변신 프로그램이 당신 세포의 가장 깊숙

주관적 노화 관리 질문서

성명 : ______________________ 날짜 : ____________

프로그램 참여 개월 수 : ____________

제 1부에서 제 3부까지, 만약 프로그램 시작 전보다 상태가 악화 되었다면 부정적 변화란에 숫자를 기입하고 프로그램 시작 후 개선되었다면 긍정적 변화 란에 숫자를 기입하여 각 항목에 대한 등급을 매긴다. 아무런 변화가 없었다면 숫자 0을 기입한다. 숫자 1에서 5까지를 사용하여 각 항목에 대한 등급을 매긴다. 숫자가 하나 증가할 때마다 변화에서 20% 증가가 있었음을 의미한다. 즉, 숫자 1은 거의 눈에 띄지 않을 정도의 변화(20% 변화), 숫자 5는 매우 현저한 변화(100% 변화)를 의미한다.

제1부	부정적 변화	0	긍정적 변화
정신 기능			
매일의 기력			
민첩성			
기억력			
집중력(정신적 초점)			
전반적인 스트레스 수준			
피부의 질적 변화 및 겉모습			
손과 얼굴의 검버섯			
피부 두께/탄력성 정도			
전신 피부의 보습 수준			
얼굴 피부의 보습 수준			
손톱 발톱 강도			
손톱 발톱 자라남			
머리카락 강도			
머리카락 자라남			
면역체계			
알러지 반응			
치유			
감기 및 독감			

제2부

프로그램전	질문지 작성시
체중 :	체중
가슴둘레 :	가슴둘레 :
허리둘레 :	허리둘레 :

	부정적 변화	O	긍정적 변화
위장관건강			
소화력			
배변활동성			
골격계			
뼈 관절통증			
유연성			
관절이 붓거나 빨갛게 됨			
체지방 비율			
체중변화			
몸매			
운동지구력			
운동강도			

제3부	부정적 변화	O	긍정적 변화
성생활			
성욕수준			
단단한 발기(남자)			
성감 증가			
폐경기 증상			
수면 상태			
쉽게 잠들기			
수면 도중 자주 깸			
수면 길이			
생생한 꿈			
갈증			
물 마시기			

의미한다. 이 PGH 유전자 변신 프로그램이 당신 세포의 가장 깊숙한 곳까지 도달하여 노화 과정의 핵심 증상들을 예방하고 있다는 것을 의미한다. 당신의 유전자들은 이제 세포 수준에서 긍정적 노화를 촉진하기 위해 최대의 잠재력으로 작동하고 있는 것이다. 이것은 이 프로그램의 시작 이래 핵심 목표중의 하나이다. 이것은 현 시점에서 과학적으로 달성할 수 있는 항노화 또는 노화 지연에 가장 근접된 것이다.

자주 받는 질문들

사람들이 PGH 유전자 변신 프로그램을 시작할지를 고려할 때 다음과 같은 질문들을 공통적으로 하게 된다.

70세에 이 프로그램을 시작하는 것은 너무 늦지 않나요?

어느 누구도 이 프로그램을 시작하기에 너무 나이든 경우는 없다! 실제, 지금까지의 임상결과를 보면 나이가 많을수록 영양적으로 더 오랜 기간 기아상태에 있었기 때문에 오히려 더 빠르게 그 차이를 느끼고, 보게 되며, 전체적인 효과가 더 크다. 전형적으로, 4개월의 기간이 막 지나면, 세포 기능이 현저히 개선되고 삶의 질이 복원된다.

우리는 중년기 환자들로부터, 그들 보다 더 연장자이면서 요양원에 있는 사람들과 정신이 흐릿하여 요양원에 머물고 있는 그들 부모들이 우리의 코어 멀티보충제를 사용했다는 것을 수도 없이 들어왔다. PGH 유전자 변신의 코어 멀티 보충제를 복용한 후 3주 내지 4주 정도 후에는 기질성 뇌 증후군organic brain syndrome이라 불리는 일종의 치매로 진단되었거나 초기 알츠하이머 질환으로 진단된 그들의 노부모가 정신적 흐릿함과 혼동이 사라지면서, 왜 그들이 요양원에 있는지를 묻곤 한다고 한다. 이러한 효과로 일부 사람들은 가족과 함께 훨씬 안락하게 지낼 수 있는 집으로 돌아가기도 한다.

내가 복용할 보충제의 갯수는 보통 몇 개인가요?

누구나 공통적으로 복용하는 코어 멀티보충제(AM포뮬러, PM포뮬러) 외에, 유전자 검사결과에 따라, 아침과 저녁으로 각각 평균 2-3정의 보충제가 추가로 권장된다. 즉, 추가로 권장되는 총 보충제 정제수는 하루 4-6정이 될 것이다. 권장되는 보충제는 일반적으로 다음과 같은 양상이다.

아침 복용

(ES : 최대 효력extra strength, RS =보통효력regular strength)

1정 : 산화/해독 (ES)

2정: AM포뮬러 (유전학적 필수 멀티 포뮬러)

1정: 메틸화/심혈관 (RS)

1정: 염증/뼈관절 (RS)

1 정: 당화/혈당 (RS)

아침에 복용할 총 정제수 = 7정

취침 전 복용

1정 : 산화/해독 (ES)

2정 : PM포뮬러 (유전학적 필수 멀티 포뮬러)

취침 시 복용할 총 정제수 = 3정

PGH 유전자 변신 프로그램 시작 후 첫 한 달 내에 보고 느낄 수 있는 효과는 무엇인가요?

먼저 피부를 보기 바란다. 피부는 우리 몸에서 가장 큰 기관이기 때문에, 가장 눈에 띄는 효과가 피부에서 나타나기 시작한다. 일반적으로, 피부에서 붉은 기가 덜해진다. 피부 결이 더 부드러워지며 모공이 눈에 띄게 줄어들고 수화증가로 좀 더 촉촉해지고 탱탱해진다.

비록 변화가 자각할 수 없을 정도로 미묘한 경우에도, 대부분의 PGH 유전자 변신 프로그램 참여자는 친구나 친척들로부터 "야, 너 얼굴이 편안해 보인다" 또는 "너 더 젊어 보인다"와 같은 말을 듣게 된다. 뭐라고 딱 꼬집어 말할 수는 없지만 그들은 당신에게서 뭔가 변화된 것을 보게 된다. 그 변화는 주로 콜라겐과 히알루론산hyaluronic acid(줄기 세포 사이의 젤 물질로서 피부를 수화시키는 물을 보유함)을 만드는 섬유아세포를 손상시키는 자유라디칼과 염증이 감소된 것에 기인한다. 자유라디칼 수준의 감소로 DNA 손상은 감소되고 피부는 좀 더 빠르게 새로운 세포로 교체된다.

피부 변화에 대해 말하는 이 시점에서, 수십억 달러의 화장품 산업에 의해 잘못 인식된 피부 지식을 바로 잡기로 하자. 피부 영양의 98%는 몸 내부에서 온다. 즉 당신이 먹는 음식, 물, 보충제로부터 온다. 피부의 진피층dermal level에 거대하게 배열되어 있는 모세 혈관이 실질적으로 최적의 피부 건강에 필요한 모든 영양소를 공급한다. 따라서 피부 건강의 열쇠는, 우리가 피부에 바르는 것에 있는 것이 아니라, 몸에 필요한 영양을 공급하는 우리가 먹는 음식과 우리가 복용하는 보충제 속에 있다.

표피epidermis 표면상의 죽은 피부층 때문에 실제 피부에 바른 크림의 대부분은 피부 깊숙이 침투하지 못한다. 새로운 합성 세포(마이크로솜과 미세리포솜)의 등장으로, 핵심 성분들이 진피의 위층까지 침투할 수는 있지만, 그렇다 해도 식품과 보충제로부터 얻는 최적의 영양의 중요성을 감소시키거나 대신할 수는 없다. | 그림 7.4. |를 보기 바람

앞으로 펼쳐질 미래 항노화 의학 살짝 엿보기

"유전자 이식"이 이용 가능하기 전까지는, 우리가 제공하는 맞춤 유전자 건강 프로그램이 최적의 건강 및 노화를 위해 가장 진보적

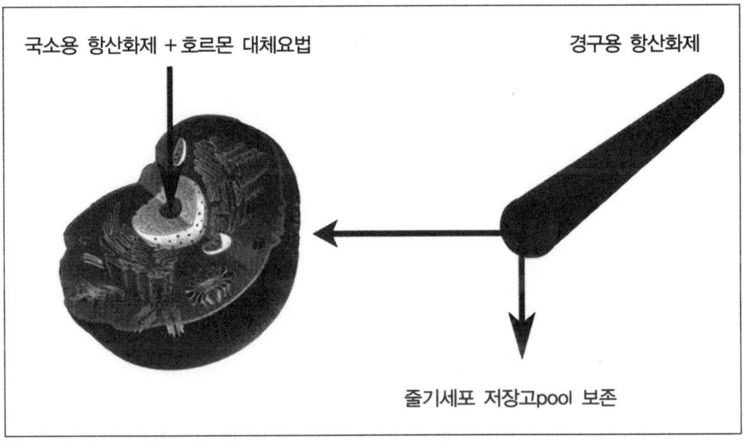

| 그림 7. 4.| 총체적 피부 관리 요법. 총체적 피부 관리 요법에서는 최근에 나온 바르는 국소용 크림과 경구용 항산화제를 병행해야 한다. DNA 손상을 제한시킴으로서 줄기세포 저장고(pool)를 보존시키는 것이 최적의 피부건강과 재생에 핵심이 된다. 지암파파 연구소에서는 지난 5년 동안 바르는 DNA 복구 크림과 경구용 코어영양 보충제를 임상적으로 동시에 적용해서 노화된 피부 상태를 현저하게 개선시키는 결과를 보여 왔다.

이면서 과학에 근거한 프로그램이 될 것이다. 그리 멀지 않은 미래에 우리 인간은 성체 줄기세포를 조작하거나 또는 DNA를 재프로그램 시킬 수 있는 방법을 개발할 것이다. 이 책에서 논의된 유전자 검사를 통해서 유전자 관련 5개 세포과정 각각에 있는 결함을 밝혀낸 다음, 그 유전적 결함을 교정하기에 필요한 유전자를 성체 줄기세포로 도입하여, 우리가 가지고 있는 유전자 활성을 20~30대 시기에 실질적으로 개조할 수 있게 될 것이다. 일단 이들 새로운 유전자들이 우리의 성체 줄기 세포에서 정상적 유전자 조합으로 배열되면, 이들 성체 줄기 세포들을 배양 증식시켜 수혈과 같은 간단한 정맥 주입에 의해 다시 우리의 몸 안으로 쉽게 들여보낼 수 있다. 주입된 성체 줄기 세포는 우리 자신의 세포이기 때문에 거부 반응은 일어나지 않을 것이다. 이 새로운 성체 줄기 세포는 짧은 기간 내에, 새로운 체 세포로 변하게 된다(이 책의 앞부분에서 논의되었음). 그 뒤, 우리의 유전자는 최적의 수준에서 작동하여 칼로리 제한시와 유사한 효과를 제공하며 수년 동안 효율적으로 작동할 것이다.

PGH 유전자 변신 프로그램은 다음과 같은 광범위한 목표를 가지고 있다:

- **환경적 효과의 개선** ‣ 독성물질, 오염물질, 방사선에의 노출은 최소화 하면서, 식사, 운동, 마음 상태와 같은 것들을 조절한다.
- **노화 함수 방정식 개선** ‣ 세포 수준에서 메틸화, 염증, 당화, 산화를 조절한다.
- **DNA 복제와 유전자 발현 개선** ‣ DNA 복구 대 DNA 손상 비율을 높이고, 그리하여 세포 복제 시 돌연변이 세포는 감소시키고 좀 더

정확한 세포 복사물은 증가시킨다. 이렇게 함으로써 성체 줄기 세포 저장고pool를 보존한다.

- **개인별 맞춤화된 유전학적 영양소 이용** ‣ 전문적인 기능성 식품을 복용하여 유전자 발현과 건강수명을 최적화시킨다.

위와 같은 놀라운 미래의 기술을 적용한다 해도, 근본 원칙은 변하지 않을 것이다. 즉 젊은 체성분과 건강을 유지하기 위해서는 여전히 최적의 영양과 탄수화물, 단백질, 지방이 올바른 비율로 함유된 식사가 필요하다. 그러나 이와 같은 미래 과학이 일반 대중에게 보급되기 전까지는, 우리의 맞춤 유전자 건강 프로그램이 21세기 항노화의 중요한 핵심전략이 될 것이고, 최적의 건강과 노화를 위해 현재로서는 최선의 선택이 될 것이다.

이 책에서 제공하는 정보는 근본적으로 새로운 것이나 견고한 첨단 과학 원리를 바탕에 둔 것이다. 우리가 당신에게 바라는 것은, 이 책에서 얻은 정보와 당신의 일상 삶 속에 적용하는 것들－약간의 규율, 노력과 함께－로 해서 당신이 “유전자의 희생자가 아니라 당신 건강의 주인”이 되는 것이다.

다음의 것들을 기억하기를 바란다.

- 정보는 습관을 바꾼다.
- 습관은 행동을 바꾼다.
- 행동은 환경을 바꾼다.
- 환경은 당신의 유전자를 바꾼다.

당신을 책임지는 사람은 바로 당신이다! 맞춤 유전자 건강 프로그램에 참여하는 당신에게 행운이 함께 하기를 바란다.

에필로그

지금까지 당신은 우리가 물려받은 유전자를 최대의 잠재력으로 작동하게 하는 것에 관한 의학의 새로운 르네상스에 대해서 읽었다. 이제 우리는 안다. 만약 덜 먹었을 때(칼로리 제한) 발생하는 현상을 최대한 모방할 수 있는 상태로 우리 자신이 처한 환경을 바꾼다는 것은 궁극적으로는 맞춤 유전자 건강 프로그램이 좀 더 효율적으로 일할 수 있도록 우리의 유전자의 상태를 바꾸는 것임을. 이 책에서 제공하는 정보는, 아주 최근에 개발된 유전자 SNP 기법과 개인의 필요에 근거한 기능성 보충제를 사용함으로서 어떻게 이 상태를 달성할 수 있는지, 어떻게 DNA 손상을 감소시킬 수 있는지에 대해서 강조하고 있다.

항노화 기법과 노화 관리 요법에서 이루어질 차세대 진전은, 자연은 물론이고 우리 몸에 천연적으로 존재하는 화합물을 이용해서 우리의 DNA를 실제적으로 재 프로그램화 시키는 것이 포함될 것이다. 우리는 이 경이로운 화합물을 "유전자 발현 변경자Genetic Expression Modifiers" 또는 GEMs로 명명했으며, 이미 지암파파 연구소에서는 보다 진보된 항노화 프로그램에 적용하고 있다. 이들 화합물들은 노화 유전자들은 침묵시키고 젊음 유전자들은 다시 깨어나게 함으로서 노화에 대한 마스터 시계를 실질적으로 되돌려 놓을 수 있는 것들이다. GEMs는 또한 암과 상당수의 노화-관련 질환에 걸리지 않도록 돕기도 한다.

GEMs는 우리 몸 세포(체세포)뿐만이 아니라, 손상되었거나 마모된 체세포를 교체하는 성체 줄기 세포에도 효과를 준다. GEMs는 우리 몸 세포가 보다 효율적으로 일하게 도와 성체 줄기 세포 저장고에서 줄기세포를 덜 끌어 쓰게 할 뿐만 아니라, 노화되거나 손상된 세포를 새로운 세포로 보다 효율적으로 대체되게 한다.

맞춤 유전자 건강 프로그램에 대해서 이 책에서 제시하는 혁명적인 정보와 함께 GEMs는 항노화 의학의 다음 단계를 점유할 것이다. 이들은 지금까지의 그 어떤 것보다도 가장 효과적인 맞춤형 노화 관리 프로그램을 제공할 것이다. 이 과학적 달성으로 해서 건강수명과 장수에 대한 새로운 장이 앞당겨질 것이고 앞으로 다가 올 수십 년 동안의 노화 관리 요법의 표준이 될 것이다. 우리의 맞춤 유전자 건강 과학이라는 전설이 계속됨에 따라, 여러분은 나의 다음 책에서 앞서나가는 선도적인 정보를 접할 수 있을 것이다.

빈센트 지암파파, 의학박사. 미국외과의사협회정회원

Vincent Giampapa, M.D., F.A.C.S.

부록 A
유전자-스마트 PGH 유전자 변신 영양

제 6장에서 논의한 것처럼, PGH 유전자 변신 프로그램을 통한 긍정적 노화 효과를 극대화하기 위해서는 유익한 기능성 보충제와 함께 올바른 식품을 적당량 섭취하는 것이 매우 중요하다. 오늘날의 식사는 대부분 다수의 필수 영양소들이 결여되어 있고 또한 식사 내 단백질(아미노산), 지방, 탄수화물 및 섬유소와 같은 다량영양소가 종류와 양의 측면에서 심각하게 불균형 상태에 있음은 널리 알려진 사실이다. 따라서 올바른 식품을 적당량 섭취하는 것이 당신의 유전자, 호르몬 균형, 건강, 장수에 영향 주는 필수 영양소를 충분히 얻고 영양소 간 균형을 확보하는 길이다.

최적의 영양은 사람마다 다르다. 유전적 차이로 인해, 각 사람은 영양소와 보충제에 다르게 반응한다. 그러나 사람들 간에는 차이점만 있는 것이 아니라 공통점도 많이 존재한다. 이 부록에서 제시하고 있는 영양가이드라인은 모든 사람이 공유하고 있는 영양적 공통점에 초점을 두고 있다.

체성분의 중요성

지방과다는 노화를 촉진하는 주범이다. 그 이유는 지방 세포는 건강에 해가 되는 호르몬 불균형상태를 야기하기 때문이다. 지방세포에 의해 생산된 호르몬들은 염증, 과도한 동맥 막힘, 심혈관계 퇴화, 노화 가속화를 야기한다. 따라서 우리는 적합한 체성분body composition을 유지하도록 노력해야 한다.

의사들은, 당신의 체지방 대 근육양의 비율을 측정함으로서 체성분을 평가한다. 이 방법은 당신 몸에 있는 체지방량과 비교하여 제지방 체중lean body mass을 구성하는 근육, 뼈, 기관 등의 조직량이 얼마인지 알아보는 방법이다. 당신이 과다체중인지 비만인지에 대한 평가 지표로 사용되는 체질량 지수Body Mass Index 또는 BMI라는 용어를 접했을 수 있다. BMI가 널리 사용되고 있긴 하지만, 전체 체중에서 지방 성분과 제지방 성분이 차지하는 비율을 구분하지 않기 때문에 체성분을 알아보는 데는 한계가 있다. 만약 어떤 사람의 BMI가 25보다 높으면 그 사람은 과다체중으로 간주되며, 30보다 높으면 비만으로 간주된다. | 옮긴이주: WHO에서 제시한 아시아 태평양 지역 기준에서는 BMI가 25이상이면 비만이고 23이상일 경우 과다체중임 |

체지방 함량을 평가할 수 있는 간단하면서도 보다 신뢰할 수 있는 방법은 허리둘레WC와 허리-히프 비율WHR을 재는 것이다. 남녀 모두 허리둘레를 재는 방법은 관골hip bone바로 위, 배꼽을 지나가게 재면 된다. 허리-히프 비율 계산은 허리 사이즈를 엉덩이의 가장 넓은 둘레로 나누면 된다. 세계보건기구World Health Organization에 따르면, 허리둘레 101 센티미터(40인치)이상, 허리-히프 비율 0.95 이상인 남성은 비만으로, 여성의 경우, 허리둘레 88센티미터(35인치), 허리-히프 비율이 0.88이상이면 비만이다. 표 A.1은 정상, 과다체중, 비만으로 분류하기 위해 사용되는 체지방 범위와, 허리둘레 범위

|표 A.1| **정상, 과다체중, 비만으로 분류하기 위해 사용되는 체지방 범위와 허리 둘레**

	정상	과다체중	비만
여성	18–22 %	22–30%	>30%
남성	15–17 %	17–25 %	>25 %
	정상	과다체중	비만
여성	< 80cm	80~88 cm	>88 cm
남성	<94 cm	94~101 cm	>101 cm

범위를 보여준다.

여기서 제시한 것들은 일반적인 기준 범위로서 하나의 가이드라인으로만 사용하고 당신 개인의 이상적인 체성분을 알아보기 위해서는 건강전문인에게서 확인 받아야 한다.

PGH 유전자 변신 영양가이드라인 : 항노화 효과를 주는 식사

항노화 식사는 체중-감량 식사안과는 매우 다르다. 체중감량 식사플랜은 체중을 줄이는데 초점이 맞추어 있는 반면, 항노화 식사는 당신의 체성분을 바꾸어 지방 대 근육양의 비율을 보다 젊은 방향으로 유도하는 일종의 라이프스타일 변경안이다. 체중 감량 대신 체성분에 초점을 맞춤으로서, 당신은:

- 근육양을 증가시킴으로서 보다 효율적으로 칼로리를 태우게 된다.

- 근육양이 증가함에 따라 노화-관련 문제가 감소한다.
- 몸의 기능이 좋아지면서 삶의 질이 개선된다.
- 호르몬 수준이 정상화되고 호르몬 간 균형이 개선되면서 노화속도가 직접적으로 영향 받게 된다.
- 항산화제 수준이 증가된다.
- 통증과 염증이 감소된다.
- 세포기능이 개선된다.

다음 페이지에 제시된 그림 A.1~A.3은 몸이 노화되면서 바뀌는 여러 기능에 대한 식품의 긍정적 및 부정적 효과를 보여주고 있다.

PGH 유전자 변신에서 제시하는 식사안은 다음과 같다:

- **칼로리는 충분하게 그러나 너무 많지 않게 ‣** 칼로리 제한 효과를 기억하자. 일반적으로, 대부분의 사람들은 하루 2,000~3,000 정도의 칼로리가 필요하다. 운동선수들은 보다 많이 필요하지만, 우리가 노화되면서, 특히 50세 이상이 되면, 우리 몸은 칼로리를 덜 사용하기 때문에 덜 먹어야 한다.
- **균형 잡힌 다량영양소 ‣** 식사는 대략 탄수화물 40%, 단백질 35%, 지방 25%가 되어야 한다.
  - **40% 탄수화물 ‣** 탄수화물을 포함하면서 영양소-밀도가 높은 자연 식품은 곡류, 견과류, 허브, 향료를 비롯하여 각종 과일 및 야채들이다. 이들은 급격한 혈당 상승을 야기하지 않는다. 이 식품들의 혈당지수glycemic index와 혈당부하량glycemic load은 모

두 낮다.

과일과 채소가 많이 포함된 식사는 질병-예방 효과가 큰 식물 내재영양소phytonutrient들을 풍부하게 함유하고 있다. 식물내재 영양소들은 특정 질환과 대항하여 싸우는 항산화 성질을 갖는 다양한 색깔의 색소들을 함유한다. 예를 들면:

- 노랑, 오렌지, 밝은 빨강 ▸ 카로티노이드
- 녹색 ▸ 황 화합물, 이소티오시아네이트isothiocyanates, 인돌
- 보라, 파란색, 검은색, 붉은색 ▸ 페놀계, 플라보노이드
- 갈색 ▸ 식물 스테롤, 식물성 에스트로젠, 사포닌
- 하얀색 ▸ 단백질, 오메가-3 지방산, 오메가-6 지방산

매일 색깔 별로 최소 2-3가지 식품을 섭취해야 다음과 같은 건강 이득 효과를 볼 수 있다: 좋은 콜레스테롤HDL 증가, 나쁜 콜레스테롤LDL과 중성지질 감소, 제 2형 당뇨 발생률 감소, 고혈압 발생률 감소, 심장질환 발생률 감소, 인슐린 수준 감소로 인한 체지방량 감소와 체중 감량 증가

- **35% 단백질** ▸ 미국 농림부에서는 15% 단백질 섭취를 권장하고 있지만, 이것은 최적의 건강을 위해서는 너무 낮은 양이다. 35% 정도의 단백질을 섭취해야 식욕조절이 용이해지며, 혈중지질이 개선되고, 좋은 HDL은 증가하고, 나쁜 LDL과 중성지질은 내려가고, 뼈 밀도가 유지되고(골다공증 예방에 필요), 인슐린 저항증이 감소되고, 체중 감량 속도가 증가되고, 비타민 B12, 엽산, 비타민 B6와 같은 심장 건강에 유익한 비타민이

| 그림 A.1. | 호르몬에 대한 식품의 효과

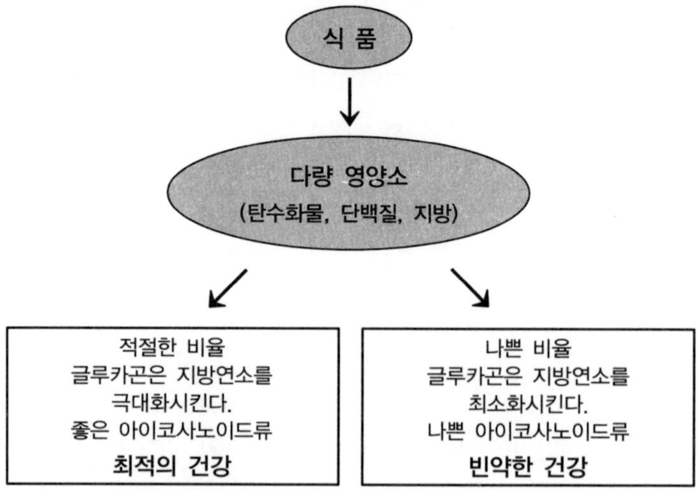

| 그림 A.2. | 노화에 대한 인슐린 저항증의 효과

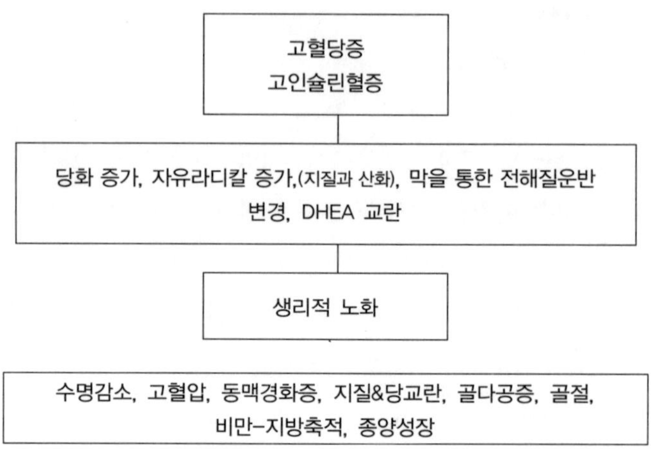

| 그림 A. 3. | **노화에 따른 영양소, 자유라디칼, 뇌효소 수준 변화**

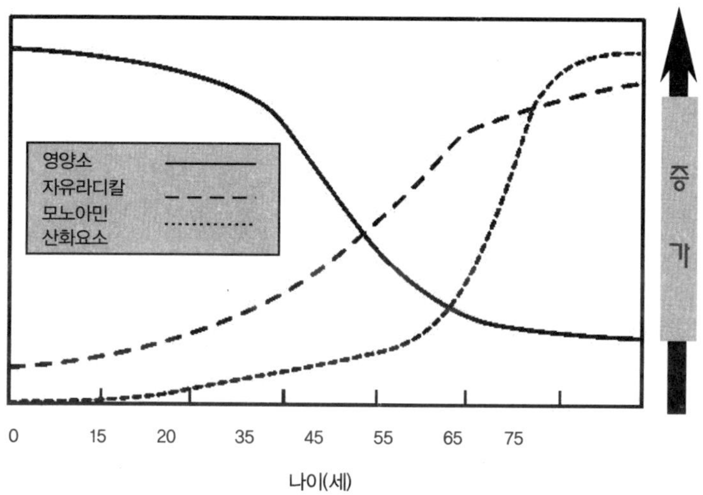

이 증가된다. 생선, 닭고기와 같은 백색 단백질은 건강에 여러 이득 효과를 준다. 대부분의 육류에서 발견되는 붉은 단백질은 건강에 해롭기 때문에 피하거나 제한해야 한다.

당신이 노화되면서도 근육양을 유지하고, 인슐린 저항증을 감소시키고, DNA를 복구하기 위해서는, 단백질 섭취를 증가시키는 것이 중요하다. 그러나 동물성 단백질을 과도하게 섭취하면 몸이 산성화되어 세포 환경이 바뀌고, 질병에 대한 저항력이 감소된다. 만약 동물성 단백질 섭취를 증가시킨다면, 알카리성 식품인 과일과 야채 섭취를 늘려서 당신 몸의 산/염기pH평형을 최적으로 유지하도록 해야 한다. 콩과 야채류는 pH 균형을 깨지 않는 탁월한 단백질 급원

임을 명심하자. 수산화물hydroxide 형태로 칼륨, 나트륨과 같은 미네랄이 이온화되어 있는 용액을 한 컵 정도의 물에 두 방울 정도 떨어뜨리면 pH 균형을 안정화 시키는 데 도움이 된다. 이와 같은 용액은 "pH 안정제" 또는 "알칼리 부스터alkaline booster"라는 이름으로 여러 건강식품 가게에서 찾을 수 있다.

○ **25% 지방** ▸ 좋은 지방을 섭취하는 것은 PGH 유전자 변신 식사에서 매우 중요하다. 그러나 적당량만 섭취해야 한다. 식사는 반드시 올리브유 및 카놀라유처럼 단일불포화 지방산monounsaturated fatty acids(MUFAS) 함량이 높아야하고 생선유처럼 오메가-3 및 오메가-6 같은 다가불포화 지방산polyunsaturated fatty acids(PUFA) 함량이 높아야 한다. 이들 불포화 지방산은 세포막 기능, 아이코사노이드eicosanoids 생성, 혈압조절, 혈소판 기능 개선을 촉진한다. 붉은 육류에 많이 함유되어 있는 포화지방산은 피해야 한다.

지중해식 식사는 단일불포화 지방산 함량이 높은 올리브유를 많이 사용하고, 자연식품, 과일, 야채가 풍부해서 점점 인기가 높아지고 있다. 이러한 식사는 노화와 관련한 인지력 감소 및 여러 질환에 대해 예방효과가 있는 것으로 밝혀졌다. 가장 좋은 올리브유는, 정제되지 않은 진한 녹색의 최고 품질 올리브에서 첫 번째로 짜낸 엑스트라-버진-오일extra-virgin oil 이며 이 오일이 진한 녹색을 띄는 것은 천연적으로 존재하는 항산화제 때문이다. 색깔이 연한 오일은, 가공과정에서 고온 또는 표백처리에 의해 항산화제가 파괴된 것이므로 피해야 한다.

견과류 또한 적당량 섭취시 좋은 지방 급원 식품이 된다. 아마씨유flax seed oil와 마카다미아macadamia 열매 오일은 올리브유를 대신하기에 충분하다. 하버드 대학에서 수행한 한 연구에서는, 일주에 최소 두 번 견과류를 섭취한 전문직 남성들의 심장발작 위험률이 47% 낮아졌고 관상심장질환 위험률은 30% 감소되었음을 밝히고 있다.

- 당신의 유전자 보완genetic makeup에 근거한 비타민과 미네랄 보충제(제 6장에서 설명한 것처럼)
- **다량의 섬유소** ▸ 과일, 야채, 통곡을 많이 함유하는 식사는 인슐린 민감도를 증가시키고, 콜레스테롤 수준을 낮추는 것으로 밝혀졌다.
- 식사 사이사이 건강한 간식을 포함하는 조절된 식사 계획. 아침식사로 시작되는 규칙적인 식사는 여러 장점을 준다. 식사 사이에 먹는 간식은 저혈당증을 예방한다. 최적의 건강을 위해서는, 아침을 거르지 말아야 하며, 일정한 시간 간격을 두고 먹고, 영양가 높은 식사 대용 쉐이크 및 영양바nutrition bar를 사용함으로서 바쁜 일상생활로 소홀하기 쉬운 영양을 확실히 챙겨야 한다.

요약하면, 220페이지에 있는 그림 A.4의 PGH 유전자 변신 음식 피라미드에 준하여, 단백질 250~400g, 유제품 60~90g, 오일 30~60g, 과일 및 야채는 풍부하게 섭취해야 한다.

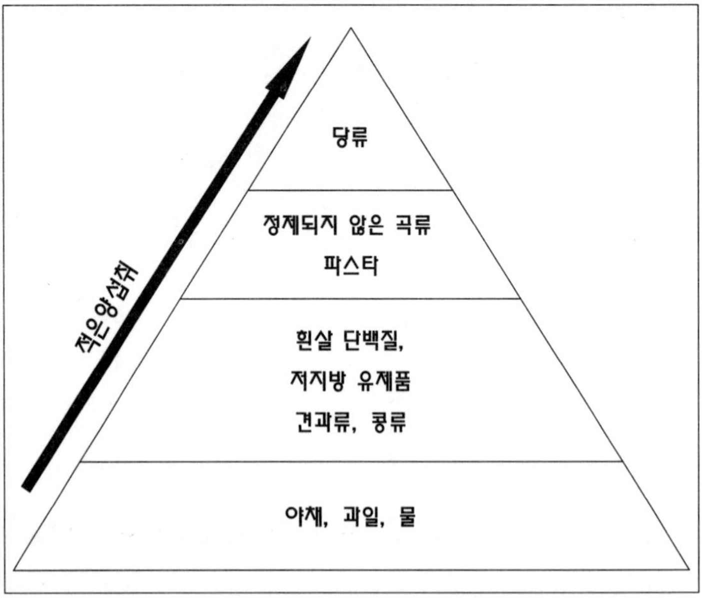

| 그림 A.4. | PGH 유전자 변신 식품 피라미드

PGH 유전자 변신 식사 가이드라인

식사계획안을 세울 때 다음의 가이드라인을 명심하기 바란다.

- 스트레스-없는 환경에서 하루 중 계획된 시간에 식사를 한다.
- 영양가 높은 식사를 적은 양으로 자주 한다.
- 서둘러 급히 먹는 것은 건강에 좋지 않다.
- 단백질을 충분히 섭취하되, 두부, 콩제품을 포함하여 가능한 식물성 급원 단백질을 섭취한다.

- 가장 진한 색깔의 계절 과일과 야채를 선택한다.
- 단백질 식품을 우선으로 먹고, 그 다음 비-전분성 야채, 그리고 나서 탄수화물을 섭취한다.
- 식사 시 물을 마시지 말고 식사와 다음 식사 사이에 충분히 마신다.
- 알코올성 음료를 마신다면 식사와 함께 하고 절제한다.
- 최고-품질의 올리브에서 첫 번째로 짜낸 엑스트라-버진 올리브 오일을 사용한다.

부록 B
PGH 유전자 변신 항노화 운동

운동은 이용 가능한 호르몬 요법 중 가장 경제적인 방법이다. 운동은 누구나 아무 때나, 어디서든, 쉽게 이용할 수 있다. 당신의 호르몬 수준이 변할 때, 당신의 유전자 기능도 변한다. 이런 점에서 운동은 유전자 치료법의 한 형태가 된다.

빈센트 지압파파 박사 Dr. VINCENT GIAMPAPA

앞에서 당신은 맞춤 유전자건강의 영양 프로그램이 갖는 건강-증진 효과에 대해 알아보았다. 다음은 운동이 제공하는 부가적인 효과에 대해서 알아 볼 차례이다. 시간의 소중함을 고려하여, 시간을 절약할 수 있고 집에서 누구나 편리하게 운동 할 수 있도록, 나와 나의 동료는 지암파파 연구소 "맞춤 운동 프로그램"을 개발하였다. 또한 모든 연령대의 성인들이 쉽고 재미있게 따라할 수 있어야 함도 고려하였다.

항노화를 위해 반드시 운동하자

적절한 운동 프로그램이 주는 삶의 질 향상 효과는 누구나 경험할 수 있는 것이다. 그 이유는 다음과 같다:

- 식품처럼, 운동은 중요 호르몬 수준을 조절하는 필수적인 방법이다. 또한 운동은 체성분을 조절하고 당신 삶의 질을 긍정적으로 변화시키는 방법이기도 하다. 우리의 연구 결과를 보면, 노화에 대한 핵심 건강 생물지표 중 상당수가 운동시 좋아졌다. 예를 들면, 운동은:

  1. 과다 혈당을 감소시킨다.
  2. 과다 인슐린을 감소시킨다.
  3. 성장호르몬을 증가시킨다.
  4. 테스토스테론testosterone을 증가시킨다.

- 운동은 칼로리를 보다 효율적으로 태우고 대사율을 증진시킴으로써 지방-연소 과정을 가속화시킨다. 이러한 운동 효과 때문에, 우리가 섭취한 식품으로부터 온 칼로리가 더 잘 사용되고 식품이 지방으로 저장되는 경향이 감소된다. 또한 운동은 에너지-생산 장소로서 중요한 미토콘드리아를 포함하여, 당신의 모든 세포들을 건강하게 유지시킨다. 당신의 세포 속 미토콘드리아에서 에너지가 효율적으로 생산되면, 당신의 온몸이 더욱 건강해진다.
- 운동은 인슐린 수준은 감소시키면서 인슐린 기능은 증진시킨다. 인슐린 수준이 감소되면, 글루카곤 같은 지방-연소 호르몬들이 저장된 체지방을 연소시킬 기회를 갖게 된다.
- 규칙적으로 걷는 운동 프로그램을 일주일에 최소 4번 정도 오랜 기간 하면, 엄격한 식사요법 없이도 체지방 감량이 촉진된다.
- 빠르게 걷기 운동을 규칙적으로 하면 체지방 저장량이 감소되고,

인슐린 필요량이 감소되고(인슐린/글루카곤 농도 비율에서 36% 감소), 식품 섭취가 자연스럽게 감소된다.

- 격렬한 운동은 근육량을 유지시키고, 부가적으로 근육량을 키우고, 체력을 증가시키고, 뼈건강을 증진시킨다.

운동의 종류와 호르몬에 대한 효과

이 책과, 비디오, 체육관에서 소개하는 모든 운동프로그램을 살펴보다 보면, 당신은 혼란스러울 수 있다. 그러나 운동은 크게 2종류로 나눌 수 있다: (1) 조깅, 걷기, 달리기, 자전거 타기, 계단 오르내리기, 트레드밀 걷기와 같이 심혈관 운동을 포함하는 유산소 운동, (2) 웨이트리프팅, 미용체조 같은 저항성 또는 무게-지탱 활동을 포함하는 무산소 운동. 요약해보면:

- 유산소 운동은 인슐린을 감소시키며 심혈관 상태를 향상시킨다.
- 무산소 운동은 성장호르몬과 테스토스테론을 증가시켜 근육양과 뼈 무게를 유지 또는 증가시키고 이들 조직의 기능도를 증가시킨다.
- 유산소, 무산소 운동 모두 당신의 심혈관계에 이득 효과를 준다.

노화와 관련된 중요한 호르몬에는 인슐린, 글루카곤, 성장호르몬, 인슐린-유사 성장인자-1 insulin-like growth factor-1(IGF-1), 테스토스테론이

있으며 이들은 두 종류 운동 모두에 의해 영향 받는다 | 표 B.1 | 참조.

PGH 유전자 변신 운동 프로그램을 제대로 즐기기 위해서, 각 유형의 운동이 이들 중요 호르몬들에 대해 갖는 효과를 살펴보기로 하자.

- **유산소(심혈관) 운동** ▸ 운동 전, 성장호르몬 수준은 낮은 상태에 있다. 그러나 유산소 운동 시작 후 30분 이내에, 뇌하수체에서 성장호르몬 분비가 급격히 증가하기 시작하여 그 뒤 15~20분 후에는 최고치에 도달한다 | 그림 B.1 |. 이와 같이 운동에 의한 성장호르몬의 폭발적 상승은 손상된 근육조직의 복구를 돕고, 지방저장량을 감소시키며 반면에 근육양은 증가시키거나 또는 유지시킨다.

| 표 B.1 | 5개 건강조절 유전자 그룹 및 관련-호르몬에 대한 운동효과

노화 관련 5개 유전자 그룹	운동효과
메틸화 ▸ 일반적으로 심혈관 건강과 관련된 특정 유전자를 켜거나 끈다.	대사과정 개선. 좋은 HDL 콜레스테롤은 증가시키고 나쁜 LDL 콜레스테롤은 감소시킨다.
염증 ▸ 세포에서 염증 분자를 생산한다.	관절 운동성이 개선되고, 염증이 감소되고, 체지방이 감소된다.
당화 ▸ 혈당에 영향을 미쳐 단백질과 체지방에 영향을 준다.	혈당 수준을 감소시키고, 인슐린 기능을 개선시키고, 체지방을 감소시킨다..
산화 ▸ 자유라디칼 생산	SOD superoxide dismutase 와 카탈라아제 catalase 같은 천연항산화제들의 항산화 효과를 증가시킨다. 혈행이 좋아졌다는 것은 세포내로의 식이내 항산화제 운반이 좋아졌고 노폐물 제거가 좋아졌음을 의미한다.
DNA 복구 ▸ 손상된 DNA 복구	운동은 스트레스 및 스트레스 호르몬인 코티졸과 인슐린을 감소시켜 DNA 손상과 텔로미어 길이 단축을 감소시킨다.

| 그림 B.1 | **유산소 운동시 호르몬 변화**

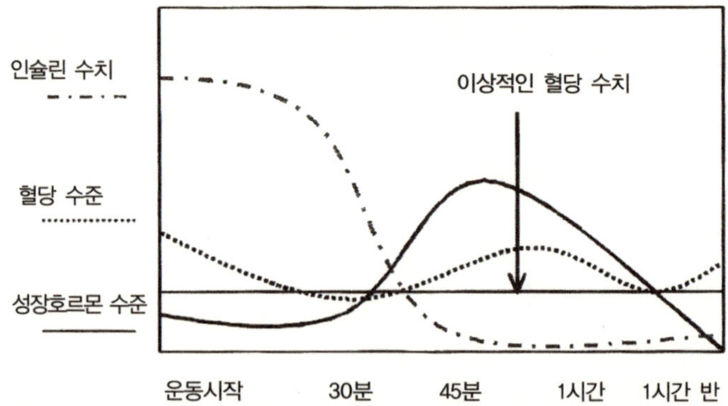

인슐린 수준 감소, 글루카곤 수준 증가, 성장호르몬 증가

운동 개시와 함께 성장호르몬이 증가되면서, 인슐린 수준은 감소되고 글루카곤 수준은 증가하기 시작한다. 인슐린 수준이 감소되고 글루카곤과 혈당이 증가되면서 성장호르몬과 테스토스테론의 분비는 더욱 촉진된다. 이와 같은 호르몬 반응은 주로 유산소 운동(걷기, 조깅, 달리기, 자전거 타기)시 발생한다. 따라서 저항성 운동 또는 웨이트리프팅 운동 전에, 유산소 운동을 먼저 하는 것이 효과적이다. 유산소 운동은 심장 상태와 폐기능을 개선시킨다. 심폐기능은 노화와 함께 감소되는 것으로써, 가장 중요하면서도 노화 초기에 발생되는 가역적인reversible 생물지표 중의 하나이다.

- **무산소(저항성) 운동** ‣ 웨이트리프팅 시작 후 수 분 이내에, 테스토스테론과 성장호르몬이 분비되기 시작하며 30분 후 최고치에 도달한다. 성장호르몬과 테스토스테론의 효과는 그 뒤 대략 45~60분 정도 지속된다. 웨이트리프팅에 의한 근육톤tone, 근육양, 건(힘줄),

| 그림 B.2 | 무산소 운동시 호르몬 변화 (웨이트리프팅)

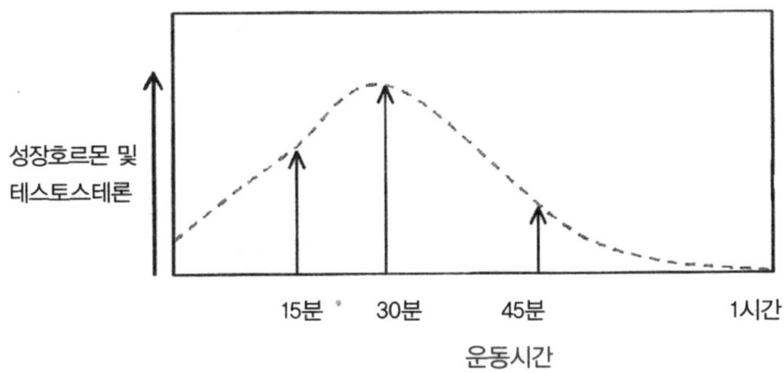

인대 강도 개선 효과는 바로 이 기간 동안에 일어난다 | 그림 B.2 |.

이상적인 항노화 운동 프로그램

그림 B.3을 보면 항노화를 위한 이상적인 운동 순서는, 일단 유산소 운동을 30분 정도 먼저 하고 그 뒤 무산소 운동을 하는 것임을 알 수 있다.

또한 적절한 운동을 적당히 하는 것이 중요하다. 두 종류의 운동 모두 너무 많이(45분 이상)하면, 항노화 관점에서는 다음과 같은 부정적 효과가 발생한다.

- 45분 이후에는, 코티졸 수준이 너무 높아져서 다른 호르몬 기능이 손상될 수 있다.

| 그림 B. 3 | 유산소 운동과 무산소 운동 시 호르몬 변화

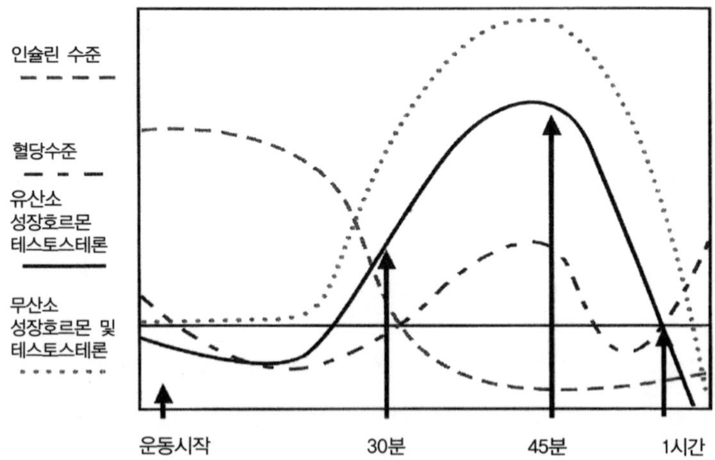

- 더 많은 코티졸이 분비되면서, 테스토스테론 전구체인 DHEA가 감소되고, 최종 테스토스테론 수준까지도 감소되기 시작한다.
- 코티졸 증가로 인해 혈당이 증가되고 그리하여 인슐린 생산이 촉진된다.

최상의 건강 이득효과를 위해서는, 적당히 운동해야 한다. 유산소 운동은 일주에 최소 5회, 1회 운동시간은 최소 20분 정도로 한다. 심장 및 폐의 생물지표에 대해 이상적인 개선을 이루기 위해서는, 최대 심박수의 55-65% 수준에서 유산소 운동을 해야 한다. 먼저 최대 심박수 계산은 숫자 220에서 당신의 나이를 빼면 된다. 예를 들어, 당신 나이가 45이면, 당신의 최대 심박수는 220에서 45를 뺀

175가 된다. 그 다음, 운동 시 적당한 당신의 심박수 계산은 175에 55%와 65%를 곱하면 된다. 즉, 175 × 0.55 = 96 심박수/ 분, 175 × 0. 65 = 114 심박수/분이 된다. 따라서 운동시 당신의 심박수가 일분당 96과 114로 유지되면 적당한 것이다. 운동시 심박수에 대한 이와 같은 일반적인 규칙이 당신에게 적합한지에 대해서는 의사에게 확인 받도록 한다.

무산소 운동은 일주에 3-4번, 1회 운동시간은 40분 이하로 한다. 무산소 운동을 하게 되면, 유산소 운동으로는 얻지 못하는 몸매에서의 변화가 발생한다. 무산소 운동은 당신의 피부가 더 젊어보이게 한다. 잡지나 TV에 나오는 근육질의 남성과 여성의 몸을 보라. 60-70대 이면서도 몸매가 20-30대 젊은이처럼 보인다.

스트레칭과 호흡운동을 잊지 않는다

유산소, 무산소 두 종류의 운동 모두 노화-관리 프로그램에 포함되는 것들이다| 그림 B.4 |. 스트레칭은 신경계 조절과 균형에 중요한 운동이다. 스트레칭은 척추와 관절을 유연하게 하고, 림프계를 개선시키고, 중요 기관으로의 혈류를 개선시킨다. 또한 척추가 곧추 서게 도와, 나이 들면서 자주 발생하는 허리 통증과 디스크 및 신경 질환 발생을 예방하는데 효과적이다. 스트레칭은 매일 해야 한다.

일부 요가 자세는 이들 목적을 위해 특히 간, 췌장, 위장관계 같은 소화기관으로의 혈류 개선을 위해 수천 년 동안 이용되어져

| 그림 B.4 | 지암파파 연구소™의 맞춤운동 권장안

최대심박수(MHR) 계산은 220에서 당신의 나이를 뺀다.

예 : 220-50 (세) = 170 (1분당 최대 심박수)

스트레칭	심혈관 트레이닝 최대심박수의 55-60%	저항운동	스트레칭 & 복식호흡
방법은 아래 그림 참조	• 빠르게 걷기 • 손에 무거운 것 들고 빠르게 걷기 • 수영 • 자전거 타기	• 유연체조 • 가벼운 웨이트트레이닝 • 필라테스 • 요가	방법은 아래 그림 참조
5-10분	**20분**	**40분**	**5-10분**

스트레칭 동작과 호흡

(각 동작 사이에 길고 느린 호흡 두 번씩)

무산소 운동시 호르몬 변화

(웨이트리프팅)

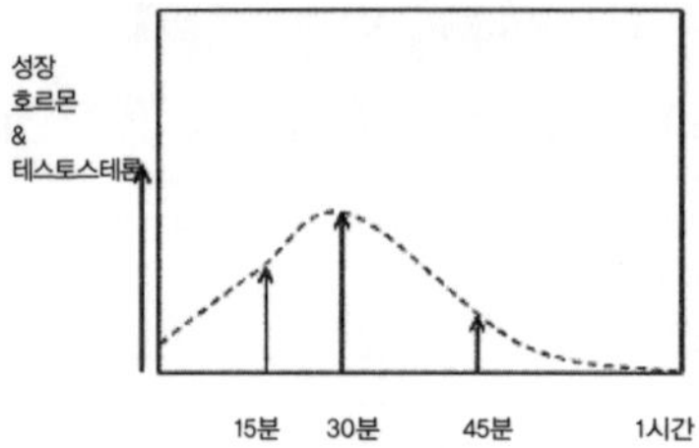

운동시간

유산소 운동시 호르몬 변화

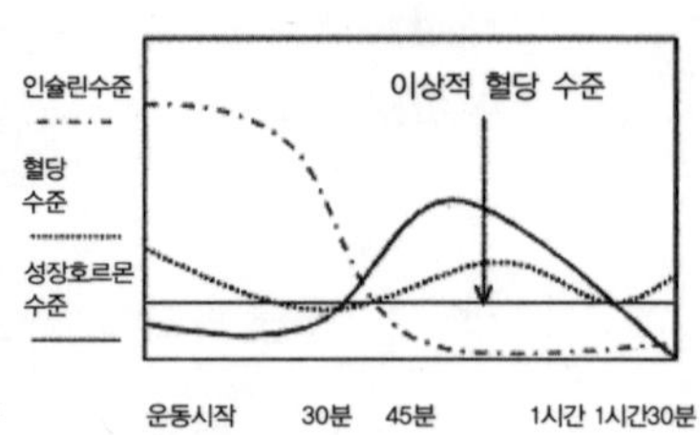

인슐린 감소, 글루카곤 상승, 성장호르몬 상승

왔다. 따라서 PGH 유전자 변신 운동 프로그램에서는 오랜 세월에 걸쳐 그리고 의학적으로 유효성이 입증된 일부 요가 자세를 포함시켰다.

요가 동작 외에 반드시 해야 할 것으로 호흡을 들 수 있다. 일반적으로 호흡을 운동으로 간주하지 않지만, 호흡은 폐기능을 증진시키고 뇌와 다른 조직으로 산소를 전달하는데 극히 중요하다. 호흡은 지나친 산성도 제거와, 혈액의 pH 뿐만 아니라 세포내액의 균형을 돕는다. 의도적으로 느리게 깊게 하는 호흡은 뇌파 패턴을 바꾸고, 좀 더 차분하고 집중된 정신 상태를 유도함으로써 중추신경계를 현저하게 이완시킨다. 호흡을 요가와 병행하든지 또는 단독으로 수행하든지 상관없이, 집중된 호흡은 노화에 대한 여러 생물지표에 대해 매우 탁월한 효과를 주는 것으로 입증되었다.

PGH 유전자 변신 운동 프로그램 효과 요약

규칙적인 운동은 노화에 대한 가역적인 생물지표에서 아래와 같은 여러 이득효과를 가져다준다.

- 지방 연소를 촉진시킨다.
- 호르몬 수준을 최적화시킨다.
- 근육복구와 근육양을 증가시킨다.
- 관절 운동성을 좋게 한다.

- 뇌 화학작용을 강화시킨다.
- 신경계의 균형과 평온감을 증가시킨다.
- 심혈관 기능을 최적화시킨다.
- 질환 예방효과를 준다.
- 일부 질환을 치유한다.
- 외모를 개선시킨다.

PGH 유전자 변신 항노화 운동 프로그램은 이 외에도 아래와 같은 효과도 제공한다:

- 삶을 쳐다보는 당신의 시각과 방식이 개선된다. 운동은 소위 에피네프린, 노르에피네프린, 진통효과가 있는 엔돌핀 등의 뇌 화학물질을 유리시킨다. 또한 운동은 스트레스 호르몬인 코티졸을 낮춘다. 이 모든 효과로 인해 기억력과 집중력이 향상되고 좀 더 긍정적인 삶의 자세를 갖게 된다.
- 몸매가 다듬어지고 자기-이미지self-image가 향상된다.
- 뇌로의 혈류가 증가되고, 강력한 뇌 자극제인 산화질소nitric oxide 방출을 야기함으로서 "업무수행능력"이 향상된다.
- 피로감, 혼란, 부정적인 분위기가 감소되고 활력이 증진된다.
- 화가 줄어들고, 부정적인 혈중 지질 프로파일lipid profile이 개선되어 심혈관질환 위험률이 상당히 감소된다.
- 골관절염osteoarthritis 통증이 완화된다.

용어집

- 게놈 (Genome) 특정 유기체의 염색체 상에 존재하는 유전물질 전체; 게놈 크기는 일반적으로 전체 염기 쌍 수로 표현한다.
- 결손 (Deletion) 염색체 DNA의 일부 손실; 이로서 어떤 질병이나 비정상적인 것이 유도될 수 있다.
- 계승하다 (Inherit) 유전학에서, 생물학적 과정을 통하여 부모로부터 유전 물질을 받는 것.
- 교차 (Crossing over) 감수분열 시 모계 염색체와 부계 염색체에 절단이 일어나고 상응 부위의 DNA에서 교환이 일어나고 다시 재결합되는 것. 이 과정을 통해 염색체 상의 대립 유전자에서 교환이 발생할 수 있다.
- 구아닌 (Guanine) (G) 질소를 함유한 염기이며, DNA 내 GC(구아닌과 시토신) 염기쌍의 구성원.
- 기능 유전체학 (Functional genomics) 유전자, 그 유전자에 따른 단백질 및 생화학적 과정에서 그 단백질이 수행하는 역할에 관한 학문.
- 기형 발생 물질 (Teratogenic) 비정상적 배아 발달을 야기하는 화학물질 또는 방사선 같은 물질들.
- 뉴클레오티드 (Nucleotide) 질소함유 염기(DNA에서는 아데닌, 구아닌, 티민, 시토신; RNA에서는 구아닌, 우라실, 또는 시토신), 인산, 당(DNA에서는 데옥시 리보오스, RNA에서는 리보오스)으로 구성된 DNA 또는 RNA의 소단위. 수천 개의 뉴클레오티드가 연결되어 하나의 DNA 또는

RNA를 형성한다.

- **다형성 (Polymorphism)** 건강에서의 차이를 나타나게 하는 개인간 DNA 서열에서의 차이. 어떤 집단의 1% 이상에서 존재하는 유전적 변이는 유전자 연관성 분석genetic linkage analysis에서 유용한 다형성으로 고려될 수 있다.
- **단백질 (Protein)** 한 개 이상의 아미노산이 특별한 순서로 결합된 고분자; 아미노산 배열 순서는, 단백질을 지시하는 유전자의 뉴클레오티드 염기 서열에 의해 결정된다. 단백질은 신체 세포, 조직, 기관의 구조, 기능, 조절에 관여한다; 각각의 단백질은 독특한 기능을 갖는다. 호르몬, 효소, 항체가 단백질의 예이다.
- **단일 염기 다형성 (Single nucleotide polymorphism)(SNP)** 게놈에서 단일 염기(A, T, C, 또는 G)가 변경되었을 때 발생하는 DNA 서열에서의 변이.
- **대립유전자 (Allele)** 어느 한 유전자좌(遺傳子座) a genetic locus에 나타날 수 있는 2가지 이상의 유전자 가운데 하나: 각 유전자 좌에 대해서 하나의 대립유전자는 각 부모로부터 물려받는다(예를 들면, 눈동자 색깔에 대한 유전자에서, 대립유전자는 파란 또는 갈색 눈동자일 수 있다).
- **돌연변이 (Mutation)** DNA 서열에서 계승 될 수 있는 어떤 변화.
- **돌연변이 유발요인 (Mutagen)** 세포 내에서 영구적인 유전자 변화를 야기하는 요소. 정상적 유전자 재조합 동안에 발생하는 변화는 포함되지 않음.

- **동원체**(Centromere) 세포 분열시 방추사가spindle fiber 붙는 염색체 상의 특별 부위.
- **동종이계(同種異系)의**(Allogeneic) 같은 종species 구성원 간에 대립유전자에서의 변이.
- **동형접합체**(Homozygote) 어떤 유전자에 대해서 두 개의 동일한 대립유전자를 가진 유기체.
- **디옥시리보오스**(Deoxyribose) 당의 일종으로 DNA deoxyribonucleic acid를 이루는 구성 성분.
- **리보오스**(Ribose) RNA 구성분으로 작용하는 5-탄당.
- **리보좀 RNA**(Ribosomal RNA) (rRNA) 세포의 리보솜에서 발견되는 RNA 종류.
- **미토콘드리아 DNA**(Mitochondrial DNA) 에너지를 발생하는 세포 내 소기관인 미토콘드리아에 존재하는 유전물질. 핵 DNA와 같은 방식으로 계승되지 않음.
- **반수체**(Haploid) 동물의 난자와 정자세포, 식물의 난모세포와 화분세포에 존재하는 염색체 한 세트(유전 물질 전체 세트의 반). 인간의 생식세포 각각에는, 23개 염색체를 가지고 있다.
- **발암물질**(Carcinogen) 세포의 DNA에 변화를 발생시킴으로서 암을 일으키는 물질
- **발현**(Expression) 유전자 발현gene expression을 보기 바람.
- **배아 줄기 세포**(Embroyonic stem cells) 무한정 복제 할 수 있고, 여러 종류의 세포로 전환 될 수 있고, 새로운 세포에 대한 지속적인

공급원으로 작용 할 수 있는 세포.

- **번역**(Translation) mRNA가 포함하고 있는 유전 암호에 따라 아미노산으로부터 단백질이 합성되는 과정.
- **생명공학**(Biotechnology) 기초연구를 통하여 개발된 일련의 생물기법으로서 현재는 연구와 제품 개발에 적용된다. 특히, 재조합 DNA, 세포 융합, 응용생물학 등의 산업에서 사용되는 것을 일컫는다.
- **생식세포**(Gamete) 남성 또는 여성 번식 세포. 즉 정자 또는 난자.
- **생체 내**(In vivo) 생명체 내에서 수행된 연구.
- **선천성**(Congenital) 유전적 또는 비 유전적 요인의 결과로서 출생 시 존재하는 어떤 특징.
- **선천적 장애**(Birth defect) 출생 시 존재하는 신체적 또는 생화학적 유해한 특징으로, 유전적 돌연변이나 비유전적 요인에 의한 결과
- **성염색체**(Sex chromosome) 인간에서 X 또는 Y 염색체는 한 개인의 성sex을 결정한다. 이배체 세포에서, 여성은 두 개의 X 염색체를 갖는다; 남성은 한 개의 X와 한 개의 Y 염색체를 갖는다. 핵 형에서 성 염색체는 23번째 염색체 쌍을 이룬다.
- **세포**(Cell) 생화학적 과정이 일어나는 살아있는 유기체의 기본 단위.
- **세포자살**(Aoptosis) 계획된 세포 사멸; 우리 몸이, 손상되거나, 원치 않거나, 불필요한 세포를 처리하는 정상적인 방법
- **시토신**(Cytosine) (C) 질소 함유 염기이며, DNA에서 GC 염기 쌍(구아닌과 시토신)의 구성원이다.

- **시험관 내** (In vitro) 실험실 내에서와 같이 생명체 밖에서 수행된 연구.
- **신드롬** (Syndrome) 어떤 특징 또는 질병을 나타내는 증상 또는 비정상에 대한 그룹 또는 인식 가능한 패턴.
- **아미노산** (Amino acids) 생명체에서 단백질을 구성하기 위해 결합되는 20종의 분자 중 하나. 한 단백질에서 아미노산 서열과 그 서열에 의해 결정되는 단백질 기능은 유전 암호에 의해 결정된다.
- **암** (Cancer) 비정상적인 세포가 억제 되지 않고 지속적으로 분열하고 자라는 질병. 암은 처음 장소에서 몸의 다른 부위로 퍼질 수 있고 치명적일 수 있다.
- **야생형** (Wild type) 자연계에서 가장 흔히 존재하는 한 유기체 형태.
- **약리유전체학** (Pharmacogenomics) 한 개인의 유전자 구성과 약물 반응 사이의 관계에 관한 학문.
- **열성 유전자** (Recessive gene) 두 개의 동일한 복사본copy이 존재할 경우에 한해서, 또는 남성의 경우 한 개의 복사본이 X 염색체 상에 존재할 경우에 한해서 발현되는 유전자.
- **염기** (Base) DNA와 RNA 분자를 구성하는 분자중의 하나
- **염기 서열** (Base sequence) 한 DNA 분자 내에서 뉴클레오티드 염기 순서. 이 순서에 의해 단백질의 구조가 결정된다.
- **염기 쌍** (Base pair) (bp) 질소 함유 염기 2개(아데닌adenine과 티민thymine 또는 구아닌guanine과 시토신cytosine)가 약한 결합에 의해 서로 연결된 것.

- **염색체** (Chromosome) 스스로 복제하는 세포의 유전적 구조체로서 세포 DNA를 포함하며 이 세포 DNA는 일직선으로 배열된 유전자의 뉴클레오티드 서열을 포함한다. 원핵생물에서, 염색체 DNA는 원 모양이고circular, 전체 게놈genome이 하나의 염색체상에 존재한다. 진핵생물의 게놈은 다수의 염색체로 구성되어 있으며 염색체 상의 DNA는 여러 종류의 단백질과 결합되어 있다.
- **염색체 결손** (Chromosomal deletion) 염색체 DNA의 일부 손실.
- **우라실** (Uracil) 정상적으로는 DNA에는 존재하지 않고 RNA에서만 발견되는 질소함유 염기; 우라실은 아데닌과 염기쌍을 형성할 수 있다.
- **우성의** (Dominant) 한 개의 복사본copy만 존재해도 거의 항상 발현되는 대립유전자.
- **유전 암호** (Genetic code) mRNA 상에서, 3개의 염기로 암호화된(코돈) 뉴클레오티드의 서열로서 단백질 합성에서 아미노산 서열을 결정한다. 어떤 유전자의 DNA 서열은 mRNA 순서를 예측하는데 사용될 수 있고, 유전암호는 차례로 아미노산 서열을 예측하는데 사용될 수 있다.
- **유전성 암** (Hereditary cancer) 한 가족 내에서 변경된 유전자를 계승하여 발생하는 암.
- **유전자** (Gene) 유전에 대한 기본적인 물리적, 기능적 단위. 유전자는, 특정 염색체 상의 특정 부위에 위치하고 있는 뉴클레오티드의 질서정연한 순서로서 특정 기능적 산물(예를 들면, 단백질 또는 RNA 분자)에 대해 암호화된 것이다.

- **유전자 발현** (Gene expression) 암호화된 유전자 정보가, 세포 내의 기능 담당 구조체로 전환되는 과정. 발현된 유전자에는 mRNA로 전사된 다음 단백질로 번역된 것들과 RNA로 전환되었지만 단백질로는 번역되지는 않은 것(예, 전이 RNA tRNA와 리보솜 RNA rRNA)들이 포함된다.
- **유전자 요법** (Gene therapy) 기능을 못하거나 기능이 잘못된 유전자를 건강한 유전자로 대체하거나, 조작하거나, 보충하는 실험과정.
- **유전자 풀** (Gene pool) 한 종species내 유전자들에 대한 모든 변이체.
- **유전자형** (Genotype) 신체적 외양(표현형)과 구별되는 것으로서 한 유기체의 유전적 형질.
- **유전적 다형성** (Genetic polymorphism) 개인, 그룹, 또는 집단 간 DNA 염기서열 차이(예, 파란눈동자 유전자 대 갈색눈동자 유전자).
- **유전적 성향** (Genetic predisposition) 어떤 유전 질환에 대한 감수성. 질병이 실제적으로 발생할 수도 있고 그렇지 않을 수도 있음.
- **유전질환** (Genetic illness) 하나 이상의 해로운 대립유전자 계승에 의해 발생되는 질병, 신체장애 또는 기타 장애.
- **유전체학** (Genomics) 유전자와 유전자 기능에 관한 학문.
- **유전학** (Genetics) 특정 특질의 계승 패턴에 관한 학문.
- **이란성 쌍둥이** (Fraternal twin) 두 개의 난자가 두 개의 정자에 의해 수정된 결과로서 동시에 태어난 형제나 자매. 이들은 다른 형제자매관계와 같은 유전적 관련성을 공유한다.
- **이배체** (Diploid) 각각의 부모로부터 하나씩 받아 쌍을 이룬 염색체

로 구성된 완벽한 유전 물질 세트. 생식세포를 제외한 대부분의 동물 세포는 이배체의 염색체를 갖는다. 이배체의 인간 게놈은 46개의 염색체를 가지고 있다.

- 이중 나선(Double helix) 서로 마주보고 있는 상보적인complementary 뉴클레오티드가 서로 결합하고 있을 때 취하는 2 가닥 선상의 DNA가 꼬여진- 사다리 모양.
- 일란성 쌍둥이(Identical twin) 하나의 수정란이 분열하여 생성된 쌍생아; 둘의 유전자형은 동일하다.
- 잡종(Hybrid) 유전적으로 다른 부모의 자손들.
- 전령 RNA (messenger RNA) 단백질 합성에 대한 주형으로 작용하는 RNA.
- 전사(Transcription) DNA 염기 서열(유전자)을 바탕으로 RNA를 합성하는 과정; 유전자 발현의 첫 단계.
- 전이 RNA (tRNA) mRNA상에서 3개의 뉴클레오티드로 구성된 코돈에 상보적인 3개의 뉴클레오티드 서열 구조를 가진 RNA 종류. 단백질 합성에서 tRNA의 역할은, 아미노산과 결합하여, mRNA가 가지는 유전 암호에 따라 단백질이 합성되는 장소인 리보솜에 아미노산을 전달하는 것이다.
- 종양유전자(Oncogene) 암과 관련 있는 유전자. 많은 종양유전자는 직 간접으로 세포 성장속도 조절과 관련되어 있다.
- 줄기세포(Stem cell) 특정 혈구세포로 증식하거나 분화할 수 있는 능력을 가진 골수내 미분화 원시세포.

- **진핵생물** (Eukaryote) 막으로 둘러 쌓여 있고, 구조적으로 분리된 핵 및 다른 잘- 발달된 세포 내 소기관을 가진 세포 또는 유기체. 진핵생물에는 바이러스, 박테리아, 남조류blue-green algae를 제외한 모든 유기체가 포함된다.
- **질병-연관 유전자** (Disease-associated genes) 질병과 연관된 특정 DNA 서열을 보유하는 대립유전자
- **질소 함유 염기** (Nitrogenous base) 화학적으로 염기 성질을 갖는 질소-함유 분자. DNA는 질소 함유 염기인 아데닌(A), 구아닌(G), 시토신(C), 티민(T)을 함유하고 있다.
- **체세포** (Somatic cell) 생식세포와 그들의 전구체를 제외한 신체 내 세포.
- **클론** (Clone) DNA의 어느 한 부위(예를 들면, 하나의 유전자 또는 다른 부위), 하나의 세포 전체, 또는 한 유기체 전체와 같은 생물학적 물질의 완전 동일한 복제물.
- **텔로머레이즈** (Telomerase) 텔로미어를 복제하는 효소.
- **텔로미어** (Telomere) 염색체의 양 말단에 존재하는 구조. 이 특별한 구조는 선상의 DNA 분자의 복제와 안정성에 관여한다.
- **티민** (Thymine)(T) AT 염기 쌍(아데닌-티민)의 한 구성원인 질소 함유 염기.
- **표현형** (Phenotype) 한 유기체의 신체적 특징 또는 유전적 또는 비유전적 질병의 존재.
- **피리미딘** (Pyrimidine) 핵산에 존재하는 질소-함유 단일-고리 염기 화

합물. DNA 내 존재하는 피리미딘은 시토신과 티민이다; RNA 내 피리미딘은 시토신과 우라실이다.

- **핵**(Nucleus) 진핵생물에서 대부분의 유전물질을 함유하는 세포 내 기관.
- **핵산**(Nucleic acid) 뉴클레오티드 소단위로 구성된 큰 분자.
- **핵형**(Karyotype) 한 세포의 염색체 특성 또는 사진.
- **행동유전학**(Behavioral genetics) 행동에 영향 줄 수 있는 유전자에 관한 학문
- **효소**(Enzyme) 반응의 방향이나 성질은 변경시키지 않으면서 생화학적 반응 속도를 가속화시키는 촉매제로서 작용하는 단백질.
- DNA (deoxyribonucleic acid) 유전 정보가 암호화 되어 있는 분자. DNA는 뉴클레오티드의 염기쌍이 약한 결합으로 연결된 이중가닥 분자이다. DNA를 구성하는 4개의 뉴클레오티드는 아데닌adenine(A), 구아닌guanine(G), 시토신cytosine(C), 티민thymine(T) 염기를 함유한다. 자연에는, A와 T사이, G와 C 사이에서만 염기쌍이 형성된다. 따라서 각각의 단일 가닥에서의 염기 서열은 그것과 쌍을 이루는 다른 가닥으로부터 유추할 수 있다.
- DNA **복구 유전자**(DNA repair genes) DNA 서열에서 실수를 교정하는 단백질을 지시하는 유전자.
- DNA **복제**(DNA replication) 이미 존재하는 DNA를 주형template으로 사용하여 새로운 DNA 가닥을 합성하는 것. 인간 및 다른 진핵생물에서, DNA 복제는 세포핵에서 일어난다.

- DNA 서열 (DNA sequence) 어떤 DNA 절편fragment, 유전자, 염색체, 또는 전체 게놈에서 염기쌍의 배열 순서.
- RNA(리보핵산) (Ribonucleic acid) 핵과 세포질에서 발견되는 화학물질; 세포의 단백질 합성 및 다른 화학적 활동에서 중요한 역할을 수행한다. RNA 구조는 DNA 구조와 유사하다. RNA에는 전령 RNA, 전이 RNA, 리보솜 RNA, 여러 작은 RNA와 같이 여러 종류가 있다. 각각의 RNA는 각기 다른 용도를 제공한다.
- X 염색체 (X chromosome) 성-결정 염색체 2개 (X와 Y) 중의 하나. X 염색체가 쌍으로 존재하면 여성이 된다.
- Y 염색체 (Y chromosome) 성-결정 염색체 2개 (X와 Y) 중의 하나. 염색체 쌍에서 X염색체가 하나 존재하면 남성이 된다.

자원 Resource

이 책의 내용과 관련하여 더 알고 싶으시다면 아래의 연락처로 문의하시기 바랍니다.

제니언셀 Geneon Cell

서울시 강남구 대치동 50-45 상지빌딩 305호

전화 : 070-7563-0361, 02-568-0361

Fax : 02-568-0391

참고문헌

이 부분은 유전자 맞춤 건강법에 대한 근거가 되는 과학적 발견 및 증거에 대한 일부 자료를 제시하고 있다.

제1장 이제는 노화를 늦출 수 있다

Bodkin, N. L., HK Ortmeyer, and BC Hansen. "Long-term dietary restriction in older-aged rhesus monkeys: effects on insulin resistance." *The Journals of Gerontology, Series A: Biological Sciences and Medical Science* 50:3 (May 1995): $B_1$42–147.

Cao, Shelly X., et al. "Genomic Profiling of Short- and Long-Term Calorie Restriction in the Liver of Aging Mice." *Proceedings of the National Academy of Sciences* 98 (2001) : 10630–10635.

Chan, Y. C., et al. "Dietary, anthropometic, hematological and biochemical assessment of the nutritional status of centenarians and elderly people in Okinawa, Japan." *Journal of the American College of Nutrition* 16: 3 (1997) : 229–235.

Chung, H. Y., et al. "Molecular inflammation hypothesis of aging based on the antiaging mechanism of calorie restriction." *Microscopy Research and Technique* 59 (2002) : 264–272.

Corton, J. C., and H. M. Brown-Borg. "Peroxisome proliferator-activated receptor coactivator 1 in calorie restriction and other models of longevity. *The journal of Gerontology Series A: Biological Sciences and Medical Sciences* 60 (2005): 1494–1509.

Dhahbi, J. M., and S. R. Spindler, "Aging of the Liver," *Biology of Aging and its Modulation: Aging of the Organs and Systems,* Vol.3, ed. R. Aspinall, (Dordecht, The Netherlands: Kluwer Academic Publishers, 2004), 271–291.

Dhahbi, J. M., et al. "Caloric intake alters the efficiency of catalase mRNA translation in the liver of old female mice." *The Journals of Gerontology, Series A: Biological Sciences and Medical Science.* 53 (1998): $B_1$80-185.

Dhahbi, J. M., et al. "Calories restriction alters the feeding response of key metabolic enzyme genes." Mechanisms of Aging and Development 122 (2001): 1033–1048.

Dhahbi, J. M., et al. "Calories and aging alter gene expression for gluconeogenic, glycolytic, and nitrogen-metabolizingenzymes." *American Journal of Physiology* 277 (1999) : 352–360.

Dhahbi, J. M., et al. "Chaperone-mediated regulation of hepatic protein secretion by caloric restriction." *Biochemical and Biophysical Research Communications* 284 (2001) : 335–339.

Dhahbi, J. M, et al. "Dietary energy tissue-specifically regulates endoplasmic reticulumchaperone gene expression in the liver of mice." *Journal of Nutrition* 127 (1997) : 1758–1764.

Dhahbi, J. M., et al. "Hepatic gene expression profiling of streptozotocin -induced diabetes." Diabetes Techniques and Therapeutics 5 (2003): 411-420.

Dhahbi, J. M., et al. "Postprandial induction of chaperone gene expression is rapid in mice." *Journal of Nutrition* 132 (2002) : 31–37.

Dhahbi, J. M., et al. "Temporal Linkage Between the Phenotypic and Genomic Responses to Caloric Restriction." *Proceedings of the National Academy of Sciences* 101: 15 (Apr 2004) : 5524–5529.

Fontana, L., et al. "Long-term calorie restriction is highly effective in reducing the risk for atheroscerosis in humans." *Proceedings of the National Academy of Sciences* 101 (2004) : 6659–6663

Gesteland, R. F., and J. F. Atkins, eds. *The RNA World. Cold Spring Harbor,* NY: Cold Spring Harbor Laboratory Press: 1993.

Grube, K., and A. Burkle. "Poly(ADP-ribose) polymerase activity in mononuclear leukocytes of 13 mammalian species correlates with species- specific life span." *Proceedings of the National Academy of Sciences* 89 (1992) : 11759–11763.

Hammarqvist, F., et al. "Free amino acid and glutathione concentrations in muscle during short-term starvation and refeeding." *Clinical Nutrition* 24 : 2 (April 2005) : 236–243.

Heilbronn, L. K., and E. Ravussin. "Calorie restriction and aging: review of the literature and implications for studies in humans." *American Journal of Clinical Nutrition* 78 (2003) : 361–369.

Heibronn, L. K., et al. "Effect of 6-month calories restriction on biomarkers of longevity, metabolic adaptation, and oxidative stress in overweight individuals." JAMA, *the Journal of the American Medical Association* 295 (2006) : 1539–1548.

Jeffares, D. C.,A. M. Poole, and D. Penny. "Relics from the RNA world." *Journal of Molecular Evolution* 46 (1998) : 18–36.

Kemnitz, J. W., et al. "Dietary restriction of adult male rhesus monkeys: design, methodology, and preliminary findings from the first year of study." *Journal of Gerontology* 48 :1 (Jan 1993) : B17–26.

Kim, H. J, et al. "Modulation of redox-sensitive transcription factors by calorie restriction during aging." *Mechanisms of Aging and Development* 123 (2002) : 1589–1595.

Lamm, S.,Y. Sheng, Y., and R. W. Pero. "Persistent response to pneumococcal vaccine in individuals supplemented with a novel water soluble extract of Uncaria tomentosa, C-MED-100." *Phytomedicine* 8:4 (2001) 267–274.

Lane, M. A., et al. "Calorie restriction in nonhuman primates: effects on diabetes and cardiovascular disease risk." *Toxicological Sciences* 52 (1999): 41–48.

Lane, M. A., et al. "Dehydroepiandrosterone sulfate: a biomarker of primate aging slowed by calorie restriction." *Journal of Clinical Endocrinology & Metabolism* 82 (1997) : 2093–2096.

Lee, C. M.,R. Weindruch, and J. M. Aiken. "Age associated alterations of the mitochondrial genome." *Free Radical Biology and Medicine* 22:7 (1997): 1259–1269.

Lee, J., et al. "Dietary restriction increase the number of newly generated neural cells, and induces BDNF expression, in the dentate gyrus of rats." *Journal of Molecular Neuroscience* 15 (2000) : 99–108.

Lodish, H. *Molecular Cell Biology*, Chapter 12. New York: WH Freemanand Co. 2000.

Lopez-Lluch, G., et al. "Calorie restriction induces mitochondrial biogenesis and bioenergetic efficiency." *Proceedings of the National Academy of Sciences* 103 (2006) : 1768–1773.

McCay C. M., M. F. Crowell, and L. A. Maynard. "The effect of retarded growth upon the length of lifespan and upon the ultimate body size." *Journal of Nutrition* 10 (1935): 63–79.

제2장 첫 번째 비밀

Ballou, S. P., et al. "Quantitative and qualitative alterations of acute-phase proteins in healthy elderly persons." *Age and Aging* 25 (1996): 224–230.

Blackburn, E., et al. "Recognition and Elongation of Telomeres by Telomerase" Genome 312 (1989): 553–560.

Broussolle, C., et al. "Evaluation of the fructosamine test in obesity: Consequences for the assessment of past glycemic control in diabetes." *Clinical Biochemistry* 24 (1991): 203–209.

Busse, E., et al. "Influence of a-lipoic acid on intra-cellular glutathione in vitro and in vivo." *Arzneimittelforschung* 42 :6 (1992): 829–831.

Cabana, V. G., J. N. Siegel, and Sabesin SM. "Effects of the acute phase response on the concentration and density distribution of plasma lipids and apolipoproteins." *Journal of Lipid Research,* 30 (1989):30: 39–49.

Chandra, P. K. "Nutrition and the immune system: an introduction." American Journal of Clinical Nutrition 66:2(1997): 460S-463S.

Clancy, R. M., and S. B. Abramson. "Nitric oxide: A novel mediator of inflammation." *Proceedings of the Society for Experimental Biology and Medicine* 210: 2 (1995): 93–101.

Cooper, G. J., and C. A. Tse. "Amylin, amyloid and age-related disease." Drugs & Aging 9: 3 (1996): 202–212.

Coufturier, M., et al. "Variable glycation of serum proteins in patients with diabetes mellitus." *CIM: Clinical and Investigative Medicine* 20: 2 (1997): 103–109.

Coussons, P. J., et al. "Glucose modification of human serum albumin: A structural study." *Free Radical Biology and Medicine*;22:7 (1997): 1217–1227.

Dandona, P., et al. "The suppressive effect of dietary restriction and weight loss in the obese on the generation of reactive oxygen species by leukocytes, lipid peroxidation, and protein carbonylation." *Journal of Clinical Endocrinology*

& Metabolism 86 (2001): 355–362.

Dills, W. L. "Protein Fructosylation: Fructose and the Maillard reation." *American Journal of Clinical Nutrition*;58: Suppl (1993): 779S–787S.

Droge, W. "Oxidative aging and insulin receptor signaling." *The Journals of Gerontology, Series A: Biological Sciences and Medical Science* 60:11 (Nov 2005): 1378–1385.

Finch, C. E.. "A perspective on sporadic inclusion-body myositis." *Neurology* 66 (2006) : S1–S6.

Firestein, G. S., and N. J. Zvaifler. "Anticytokine therapy in rheumatoid arthritis." *New England Journal of Medicine* 337: 3 (1997): 195–197.

Fleming J. E., et al. "Age-dependent changes in proteins of Drosofhila melanogaster." *Science.* 231 (1986): 1157–1159.

Giugliano, D., A. Ceriello, and G. Paolisso. "Diabetes mellitus, hypertension, and cardiovascular disease: which role for oxidative stress?" *Metabolism.* 44: 3 (1995): 363–368.

Goodman, J. "Histone tails wag the DNA dog." *Helix.* [University of VA Health System]. 17:1 (Spring 2000).

Gredilla, R., and G. Barja. "Minireview: the role of oxidative stress in relation to calorie restriction and longevity." *Endocrinology* 146: 9 (2005): 3713–3717.

Gresl, T. A., et al. "Dietary restriction and glucose regulation in aging rhesus monkeys: a follow-up report at 8.5 yr." *American Journal of Physiology-endocrinology and Metabolism* 281: 4 (Oct 2001): E757–765.

Guillasseau, P. J., et al. "Comparison of fructosamine with glycated hemoglobin as an index of glycemic control in diabetic patients." *Diabets Research* 13 (1990): 127–131.

Hamilton, M. L., et al. "Does oxidative damage to DNA increase with age?" *Proceedings of the National Academy of Sciences* 98: 18 (Aug 2001): 10469–10474.

Hasdai, D., et al. "Increased serum concentrations of interleukin-lb in patients with coronary artery disease." *Heart*; 76: 1(1996): 24–28.

Haverkate, F., et al. "Production of C-reactive protein and risk of coronary events in stable and unstable angina." *Lancet* 349: 9050 (1997) : 462–466.

Hiliquin, P. "Biological markers in inflammatory rheumatic diseases." *Cellular and Molecular Biology* 41: 8 (1995): 993–1006.

Jonas, W. B., C. P. Rapoza, and W. E. Blair. "The effect of niacinamide on osteoarthritis: Pilot study." Inflammation Research 45: 1(1996): 330–334.

Kaufman, W. "Niacinamide therapy for joint mobility: therapeutic reversal of a common clinical manifestation of the normal aging process." *Connecticut State Medical Journal* 17(1953) 584–589.

Khan, S., and J. Rupp. "The effect of exercise conditioning, diet and drug therapy on glycosylated hemoglobin levels in type 2(NIDDM) diabetics." Journal of Sports Medicine and Physical Fitness 35 (1995): 281–288.

Kimura, K. D., et al. "daf-2, An insulin receptor like gene that regulates longevity and diapause in Caenorhabditis elegans." *Science* 277: 5328 (1997): 942–946.

Kimura, T., et al. "Identification of advanced glycation and products of the Maillard reaction in Pick's disease." *Neuroscience Letters* 219 (1996): 95–98.

King, G. L., and M. Brownlee. "The cellular and molecular mechanisms of diabetic complications." *Endocrinology and Metabolism Clinics North America* 25: 2 (1996): 255–270.

Knecht, K. J., et al. "Effect of diabetes and aging on carboxymethllysine levels in human urine." *Diabetes* 40 (1991): 190–196.

Lapolla, A., et al. "Glycosylated serum proteins in diabetic patients and their relation to metabolic parameters." *Diabete Metabolism* 11 (1985) : 238–242.

Meloni, T., et al. "HbAlc levels in diabetic Sardinian patients with or without G6PD deficiency." *Diabets Research and Clinical Practice* 23:1 (1994): 59–61.

Mendall, M. A., et al. "C-reactive protein and its relation to cardiovascular risk factors: A population based cross sectional study." *British Medical Journal* 312: 1038 (1996): 1061–1065.

Miesel, R., M. Kurpisz, and H. Kroger. "Modulation of inflammatory arthritis by inhibition of poly (ADP ribose) polymerase." *Inflammation* 19:3 (1995): 379–387.

Miyata, T., et al. "The receptor for advanced glycation end products (RAGE) is a central mediator of the interaction of AGE-p2 microglobulin with human mononuclear phagocytes via an oxidant-sensitive pathway." *Journal of Clinical Investigation* 98: 5 (1996): 1088-1094.

Moulton, P. J. "Inflammatory joint disease: the role of cytokines, cyclooxygenases and reactive oxygen species." *British Journal of Biomedical Science* 53: 4 (1996): 317–324.

National Institutes of Health Press Release. *Researchers identify gene for premature aging disorder: Progeria gene discovery may help solve mysteries of normal aging*. (April 16, 2003).

Wright, W. E., and J. W. Shay. "Telomere biology in aging and cancer." *Journal of the American Geriatrics Society* 53:9 Suppl (Sep 2005): S292–4.

제3장. 두 번째 비밀

Abbasoglu, O., et al. "Effect of the pineal gland on liver regeneration in rats." *Journal of Hepatology* 23 (1995): 578–581.

Alpini, D., et al. "Aging and vestibular system: specific tests and role of melatonin in cognitive involvement." Archives of Gerontology and Geriatrics Suppl. 9 (2004): 13–25.

Ardinali, D. P., et al. "Melatonin effects on bone: experimental facts and clinical perspectives." *Journal of Pineal Research* 34 (2003): 81–87.

Beach, R. L., et al. "The identification of neurotrophic factors as a transferrin." *FEBS Letters* 156 (1983): 151–156.

Bhatt, R., et al. "Effects of kindled seizures upon hematopoiesis in rats." *Epilepsy Research* 54 (2003): 209–219.

Bondy, S. C., et al. "Retardation of brain aging by chronic treatment with melatonin." *Annals of the New York Academy of Sciences* 1035 (2004): 197–215.

Bruinink, A., et al. "Neurotrophic effects of transferring on embryonic chick brain and neural retinal cell cultures." *International Journal of Developmental Neuroscience* 14 (1996): 785–795.

Bubenik, G. A., "Gastrointestinal melatonin: localization, function, and clinical relevance." *Digestive Diseases and Science.* 47 (2002): 2236–2348.

Conboy, I. M., et al. "Rejuvenation of aged progenitor cells by exposure to a young systemic environment." *Nature* 433 (2005): 780"784

Conti, A., et al. "Evidence for melatonin synthesis in mouse and human bone marrow cells." *Journal of Pineal Research* 28 (2000): 193"202

Csaba, G. "Presence in and effects of pineal indoleamines at very low level of phylogeny." *Experientia* 49 (993): 627–634.

Danilova, N., et al. "Melatonin stimulates cell proliferation in zebrafish embryo and accelerates its development." *The FASEB Journal* 18 (2004): 751–753.

Del Rio-Tsonis, K., and P. A. Tsonis. "Amphibian tissue regeneration: a model for cancer regulation"(review). *International Journal of Oncology* 1 (1992) : 161–164.

Eguchi, G., and K. Watanabe. 1973. Elicitation of lens formation from the "ventral iris" epithelium of the newt by a carcinogen, N-methyl-N'-nitro-N-nitrosoguanidine. J. Embyol. Exp. Morphol. 30:63-71.

Elias, A. N., et al. "Ketosis with enhanced GAB Aergic tone promotes physiological changes in transcendental meditation." *Medical Hypotheses* 54 (2000): 660–662.

Esrefoglu, M., et al. "Potent therapeutic effect of melatonin on aging skin in pinealectomized rats." *Journal of Pineal Research* 39 (2005): 231–237.

Fernandez, M. A., et al. "Intracellular trafficking during liver regeneration. Alterations in late endocytic and trascytotic pathways." *Journal of Hepatology* 40 (2004): 132–139.

Fischer, T. W., et al. "Melatonin increases anagen hair rate in women with androgenetic alopecia or diffuse alopecia: results of a pilot randomized controlled trial." *British Journal of Dermatology* 150 (2004) 341–345.

Forbes, S. J., et al. "Adult stem cell plasticity: new pathways of tissue regeneration become visible." *Clinical Science* (London) 103 (2002): 355–369.

Frangioni, G., et al. "Melatonin, melanogenesis, and hypoxic stress in the newt, Triturus carnifex." *Journal of Experimental Zoology* 296 (2003): 125–136.

Frank, L. A.,etal. "Adrenal steroid hormone concentration in dogs with hair cycle arrest(AlopeciaX) before and drug treatment with melatonin and miotane." *Veterinary Dermatology* 15 (2004): 278–284.

Ghosh, A. K., 2002. "Factors involved in the regulation of type I collagen gene expression: implication in fibirosis." *Experimental Biology and Medicine* 227 (2002): 301–314.

Goolsby, J., et al. "Hematopoietic progenitors express neural genes." *Proceedings of the National Academy of Sciences* 100 (2003): 14926–14931.

Harty, M., et al. "Regeneration or scarring: an immunological perspective." *Developmental Dynamics*. 226 (2003): 268–279.

Haus, E., et al. "Stimulation of the secretion of dehydroepiandrosterone by melatonin in mouse adrenals in vitro." *Life Science* 58 (1996): 263–267.

Huang, J. S., et al. "Synthetic TGF-beta antagonist accelerates wound healing and reduces scarring." *FASEB Journal* 16 (2002): 1269–1270.

Kobayashi, H., et al. "A role of melatonin in neuroectodernal -mesodermal interactions: the hair follicle systhesizes melatonin and expresses functional melatonin receptors." *FASEB Journal* 19 (2005): 1710–1712.

Komori, M., et al. "Involvement of bone marrow-derived cells in healing of experimental colitis in rats." Wound Repair Regen. 13 (2005): 109–118.

Krause, D. S., "Plasticity of marrow-derived stem cells." *Gene Therapy*. 9 (2002): 754–758.

Kucia, M., et al. "Tissue-specific muscle, neural and liver stem/ progenitor cells reside in the bone marrow, respond to and SDF-1 gradient and are mobilized into peripheral blood during stress and tissue injury." *Blood Cells, Molecules, and Diseases* 32 (2004): 52–57.

Kunz, D., and F. Bes. "Exogenous melatonin in periodic limb movement disorder: an open clinical trial and a hypothesis." *Sleep*. 24 (2001): 183–187.

Leferovich, J. M., et al. "Heart regeneration in adult MRL mice." *Proceeding of the National Academy of Sciences* 97 (2001): 2830–2835.

Leng, S., et al. "Serum interleukin-6 and hemoglobin as physiological correlates in the geriatric syndrome of fraily: a pilot study." *Journal of the American Geriatrics Society* 50 (2002) 1268–1271.

Lesnikov, V. A., and W. Pierpaoli. "Pineal cross-transplantation (old-to-young and vice versa) as evidence for an endogenous 'aging clock.'"

Annals of the New York Academy of Sciences 719 (1994): 456–460.

Lesnikova, M., et al. "Upregulation of interleukin-10 and inhibition of alloantigen responsis by transferrin and transferring-derived glycans." *Journal of Hematotherapy & Stem Cell Research.* 9 (2000): 381–392.

Lio, D., et al. "Association between the MHC Class I gene HFE polymorphism and longevity: a study in a Sicilian population." *Genes and Immunity.* 3 (2002): 20–24.

Lio, D., et al., "Inflammation, genetics, and longevity: further studies on the protective effects in men of IL-10-1082 promoter SNP and its interaction with TNFgamma-308 promoter SNP." *Journal of Medical Genetics* 40 (2003): 296–299.

Sheng, Y., et al. *Phytomedicine* 8:4 (August 2001), 275–282.

제 4장 세 번째 비밀

Alpha Tocopherol, Beta Carotene, Cancer Prevention Study Group. "The effect of vitamin E and beta carotene on incidences of lung cancer and other cancers in male smokers." *New England Journal of Medicine* 330: 15 (April 1994): 1029–1035.

Arsenian, M. A., "Magnesium and cardiovascular disease." *Progress in Cardiovascular Diseases* 35 (1993): 271–310.

Ascherio, A., C. H. Hennekens, and W. C.. Willett. "Trans-fatty acid intake and risk of myocardial infarction." *Circulation.* 89 (1994): 94–101.

Baggio, E., et al. "Italian multicenter study on the safety and efficacy of coenzyme Q_{10} as adjunctive therapy in heart failure." *Molecular Aspects of Medicine* 15 (1994) 5287–5294.

Block, G.,B. Patterson, and A. Sufar. "Fruit, vegetables and cancer prevention: a review of the epidemiological evidence." *Nutrition and Cancer* 18 (1992): 1–29.

Blot, W. J., et al. "Nutritional intervention trials in Linxion,China." *Journal of National Cancer Research* 85 (1993): 1483–1492.

Colditz, G. A., et al. "Increased green and leafy vegetable intake and lowered cancer deaths in an elderly population." *American Journal of Clinical Nutrition* 41 (1985): 32–36.

Dean, W. *The Biological Aging Measurement—Clinical Applications*. Pensacola, FL : Center for Bio-Gerontology, 1998.

Dhahbi, J. M., et al. "Postprandial Induction of chaperone gene expression is rapid in mice." *Journal of Nutrition*. 132 (2002): 31—37.

Evans, W., and I. H. Rosenberg. *Biomarkers*. New York: Simon & Schuster, 1991.

Giampapa, V. C., R. Klatz, and R. Goldman. "Anti-Aging Surgery: A Step Beyond Cosmetic Surgery." *Advances in Anti-Aging Medicine*. Vol.1. New York: Mary Ann Liebert Publishers, 1996: 57—60.

Hayflick, L., *How and Why We Age*. New York: Ballantine Books, 1994

Hill, E. G., et al. "Perturbation of the metabolism of essential fatty acids by dietary partially hydrogenated vegetable oil." *Proceeding of the National Academy of Sciences* 79 (1982): 953—957.

Lindheim, S. R., et al. "A possible bimodal effect of estrogen on insulin sensitivity in postmenopausal women and the attenuation effect of added progestin." *Fertility and Sterility* 60 (1993): 664—667.

Maurer, K., et al. "Clinical efficacy of gingko bilobaspecial extract EGb 761 in dementia of Alzheimer type." *Journal of Psychiatric Research* 1997: 31: 645—655.

Mohr, D., V,W. Bowry, and R. Stocker. "Dietary supplementation with coenzyme Q_{10} results in increased levels of ubiquinol-10 within circulating lipoproteins and increased resistance of human low-density lipoproteins to the initiation of lipid peroxidaton." *Biochimica et Biophysica Acta* 1126 (1992): 247—254.

Morley, J. E., et al. "Potentially predictive and manipulable blood serum correlates of aging in the healthy human male." *Proceedings of the National Academy of Sciences* 94 (1997) : 7537—7542.

Murray, M. T. *Encyclopedia of Nutritional Supplements*. Rocklin, CA: Prima Publishing, 1996.

Oilman, V., and W. Dean. *Neuroendocrine Theory of Aging*. Pensacola, FL: Center for Bio-Gerontology, 1992.

Older and Wiser: The Baltimore Longitudinal Study of Aging. [NIH Publication No. 89–2797.] Washington, DC: U.S. Government Priming Office, 1989.

Polyp Prevention Group. "A Clinical trial of antioxidant vitamins to prevent colorectal adenoma." *New England Journal of Medicine* 331 (1994): 141–147.

Rimm, E. B., et al. "Vitamin E consumption and risk of coronary heart disease in men." *New England Journal of Medicine* 328 (1993): 1450–1456.

Roberts, H. J. Aspartame: *Is It Safe?* Philadelphia, PA: Charles Press, 1990.

Shekelle, R. B., M. Lepper, and S . Liu. "Dietary vitamin A and risk of cancer in the Western Electric Study." *Lancet* 2 (1981): 1185–1190.

Shils, M. E., and J. A. Olson. *Modern Nutrition in Health and Diseases,* 9th ed. Baltimore, MD: Lippincott Williams & Wilkins, 1999: 573–603.

Stampfer,, M. J., et al. "Vitamin E consumption and risk of coronary disease in women." *New England Journal of Medicine* 32 (1993): 1444–1449.

Steinmetz, K. A., and J. C. Potter. "Vegetables, fruit and cancer. I. Epidemiology." *Cancer Causes & Control* 2:5 (1991): 325–357.

The Duke Longitudinal Studies of Normal Aging 1955–1980: An Overview of History, Design, and Findings. New York: Springer Publishing Co., 1985.

Timiras, P. S., ed. *Physiological Basis of Aging and Geriatrics,* 2nd ed. Boca Raton, FL: CRC Press, 1994.

Timiras, P. S., W. B. Quay, and A. Vernakdakis, eds. *Hormones and Aging.* Boca Raton, FL: CRCP ress, 1995.

Wild, C. P., and P. Pisani. "Carcinogen DNA and protein adducts as biomarkers of human exposure in environmental cancer epidemiology." *Cancer Detection and Prevention* 22 (1998): 273–283.

Willett, W. C., et al. "Intake of trans fatty acids and risk of coronary heart disease among women." *Lancet.* 341 (1993): 581–585.

제5장 믿음의 생물학

Astin, A. W. "An integral approach to medicine." *Alternative Therapies in Health & Medicine* 8 (2002): 70–75.

Austad. S. N., and K. E. Fischer. "Mammalian aging, metabolism, and ecology: evidence from the bats and marsupials." *Journal of Gerontology*. 46 (1991): B47–53.

Bale, T.L., F.J. Giordano, and W.W. Vale. "A new role for corticotropin-releasing factor-2. Suppression of vascularization." *Trends in Cardiovascular Medicine* 13 (2003): 68–71.

Benson, H., et al. "Three case reports of the metabolic and electroencephalographic changes during advanced Buddhist meditation techniques." *Behavioral Medicine* 16 (1990): 90-95.

Blanc, S., et al. "Energy expenditure of rhesus monkeys subjected to 11 years of dietary restriction." *Journal of Clinical Endocrinology & Metabolism* 88 (2003): 16–23

Black, S., et al. "Inhibition of Mantoux reaction by direct suggestion under hypnosis." *British Medical Journal* 1 (1963): 1649–1652

Bordone, L., and L. Guarente. "Calorie restriction, SIRTI and metabolism: understanding longevity." *Nature Review: Molecular and Cell Biology* 6 (2005): 298–305.

Bushell, W. C. "Evidence that a specific meditational regimen may induce adult neurogenesis." [abstract] *Developmental Brain Research* 132 (2001): A26.

Bushell, W. C., "From molecular biology to anti-aging cognitive-behavioral practices: the pioneering research of Walter Pierpaoli on the pineal and bone marrow foreshadows the contemporary revolution in stem cell and regenerative biology." *Annals of the New York Academy of Sciences* 1057 (Dec 2005): 28–49.

Bushell, W. C. Model: Potential congnitive-behavioral stem cell activation in multiple niches. Poster presented at the March 2005 Stem Cell Biology & Human Disease Conference, UCSD/ SalkInstitute/ Nature Medicine, LaJolla, CA.

Bushell, W. C. "Psychophysiological and comparative analysis of ascetico -meditational discipline: toward a new theory of asceticism." *Asceticism*. V. L.. Wimbush and R. Valantasis, eds. New York: Oxford University Press [Oxford Reference Series], 553–575.

Buxton, O. M., et al. "Acute and delayed effects of exercise on human melatonin secretion." *Journal of Biological Rhythms* 12 (1997): 568–574.

Cadet, P., et al. "Cyclic exercise induces anti-inflammatory signal molecule increases in the plasma of Parkinson's patients." *International Journal of Molecular Medicine* 12 (2003): 485–492.

Carlson, L. E., et al. "Mindfulness-based stress reduction in relation to quality of life, mood, symptoms of stress, and immune parameters in breast and prostate cancer outpatients." *Psychosomatic Medicine* 65 (2003): 571–581.

Carlson, L. E., et al. "Mindfulness-based stress reduction in relation to quality of life, mood, symptoms of stress and levels of cortisol, dehydroepiandrosterone sulfate (DHEAS) and melatonin in breast and prostate cancer outpatients." *Psychoneuroendocrinology* 29 (2004): 448–474.

Carrasco, G. A., and L. D. Van de Kar. "Neuroendocrine pharmacology of stress." *European Journal of Pharmacology* 2003; 463: 235–272.

Carrillo-Vico, A., et al. "A review of the multiple actions of melatonin on the immune system." *Endocrine* 27 (2005): 189–200.

Chapman, L. F. "Changes in tissue vulnerability induced during hypnotic suggestion." *Journal of Psychosomatic Research* (1959) 499–505.

Coker, K. H. "Meditation and prostate cancer: integrating a mind/ body intervention with traditional therapies." *Seminars in Urologic Oncology* 17 (1999): 111–118.

Davenport, J. *Animal Life at Low Temperature.* London: Chapman & Hall, 1992.

Epel, E. S., et al. "Accelerated telomere shortening in response to life stress." *Proceedings of the National Academy of Sciences* 101 (2004): 17312–17315.

Esch, T., et al. "Stress in cardiovascular disease." *Medical Science Monitor* 8 (2002): RA93-RA101.

Farrar, W. L., et al. "Visualization and characterization of interleukin-1 receptors in the brain." *Immunology* 139 (1987): 459–463.

Frolkis, V. V., "Stress–age syndrome." *Mechanisms of Aging and Development* 69 (1993): 93–107.

Ganong, W. F. "The adrenal medulla and adrenal cortex." *Medical*

Physiology. Norwalk, CT: Appleton & Lange, 1993, 334–335, 339–340.

Glaser, J. L., et al. "Elevated serum dehydroepiandrosterone sulfate levels in practitioners of the transcendental meditation (TM) and TM-Sidhi programs." *Journal of Behavioral Medicine* 15 (1992): 327–341.

Goto,, S., et al. "Regular exercise: an effective means to reduce oxidative stress in old rats." *Annals of the New York Academy of Sciences* 1019 (2004): 471–474.

Greaves, G. "Reflections on a new medical cosmology." *Journal of Medical Ethics* 28 (2002): 81–85.

Gredilla, R., and G. Barja. "Minireview: the role of oxidative stress in relation to caloric restriction and longevity." *Endocrinology* 146 (2005): 3713 –3717.

Hardeland, R. "Antioxidative protection by melatonin: multiplicity of mechanisms from radical detoxification to radical avoidance." *Endocrine* 27 (2005): 119–130.

Harinath, K., et al. "Effects of the hatha yoga and Omkar meditation on cardiorespiratory performance, psychologic profile, and melatonin secretion." *Journal of Alternative and Complementary Medicine* 10 (2004): 261–268.

Heller, H. C., et al. "Voluntary hypometabolism in an Indian Yogi." *Journal of Thermal Biology* 12 (1987): 171–173.

Helm, H. M., et al. "Does private religious activity prolong survival? A six-year follow-up of 3,851 older adults." *Journal of Gerontology, Series A: Biological Sciences and Medical Science* 55 (2000): M400–405.

Holloszy, J. O., and K. B. Schechtman. "Interaction between exercise and food restriction : effects on longevity of male rats." *Journal of Applied Physiology*. 70 (1991): 1529–1535.

Holloszy, J. O., "Exerciseincrease average longevity of female rats despite increased food intake and no growth retardation." *Journal of Gerontology* 48 (1993): B97–100.

Jacobs, G. D. "The physiology of mind-body interactions: the stress response and the relaxation response." *Journal of Alternative and Complementary* Medicine 8 (2002): 219.

Ji, L. L. "Exercise-induced modulation of antioxidant defense." Annals of the New York Academy of Sciences 959 (2002): 82–92.

Jones, B. M. "Changes in cytokine production in healthy subjects practicing Guolin Qigong: a pilot study." *BMC Complementary and Alternative Medicine.* 1 (2001): 8–12.

Kim, D. H., et al. "Effect of Zen meditation on serum nitric oxide activity and lipid peroxidation." *Progress in Neuro-Psychopharmacology and Biological Psychiatry* 29 (2005): 327–331.

Mason,, A. A. "A case of congenital Ichthyosiform Erythrodermia of Brocq treated by hypnosis." *British Medical Journal* 30 (1952): 442–443.

Sapolsky, Robert M., Lewis C. Krey, and Bruce S. McEwen. "The neuro-endocrinology of stress and aging: The glucocorticoidcascade hypothesis." *Science of Aging Knowledge Environment* (38) (September 25 2002) 21.

Shenefelt, P. D. "Biofeedback, cognitive-behavioral methods, and hypnosis in dermatology: is it all in your mind?" *Dermatologic Therapy* 16: 2 (2003): 114"22.

Tiller, W. *A. Science and Human Transformation: Subtle Energies, Intentionality and Consciousness*. Walnut Creek, CA: Pavior Publishing, 1997.

Tolle, Eckhart. The Power of New: *A Guide to Spiritual Enlightenment. Novato,* CA: New World Library, 1999.

제6장 맞춤 유전자 건강법의 기능성 식품 보충제

Abbati, C., et al. "Nootropic therapy of cerebral aging." Advances in Therapy; 8 (1991): 268–275.

Abraham, G. E., and J. D. Flechas. "Management of fibromyalgia: rationale for the use of magnesium and malic acid." *Journal of Nutritional Medicine* 3 (1992): 49–59.

Agren. J. J., et al. "Fish diet, fish oil and docosahexaenoic acid rich oil lower fasting and postpranadial plasma lipid levels." *European Journal of Clinical Nutrition* 50 (1996): 765–771.

Akesson, C., et al. "An extract of Uncariatomentosa inhibiting cell division and NF-Kb activity without inducing cell death." *International*

Immunopharmacology 3 (2003): 1889–1900.

Akesson, C., R. W. . Pero, and F. Ivas. "C-Med-100, a hot water extract of Uncaria tomentosa, prolongs leukocyte survival in vivo." *Phytomedicine* 10 (2003): 25–33.

Albert, C. M., et al. "Blood levels of long-chain fatty acids and the risk of sudden death." *New England Journal of Medicine* 346 (2002): 1113–1118.

Ames, B. A., et al. "High-dose vitamin therapy stimulates variant enzymes with decreased coenzyme binding affinity (Increaded Km): relevance to genetic disease and polymorphisms." *American Journal of Clinical Nutrition* 75 (2002): 616–658.

Ames, B. A. "The Metabolic Tune-up: Metabolic Harmony and Disease Prevention." *Journal of Nutrition* 133 (2003) 1544S–1548S.

Ames, B. A. "Micronutrients prevent cancer and delay aging." *Toxicology Letters* 102–103 (Dec 1998): 5–18.

Ames, B. A., and P. Walkimoto. "Are vitamin and mineral deficiencies a major cancer risk?" *Nature Review: Cancer* 2 (2002): 694–704.

Ames, B. N.,L. Elson-Schwab, and E. A. Silver. "High-dose vitamin stimulates variant with decreased coenzyme binding affinity (increased Km): relevance of genetic disease and polymorphisms." *American Journal of Clinical Nutrition* 75 (2002): 616–658.

Bagchi, M., et al. "Smokeless tobacco, oxidative stress, apoptosis and antioxidants in human oral keratinocytes." *Free Radical Biology and Medicine* 26 (1999): 992–1000.

Barbiroli, B., et al. "Lipoic(thioctic) acid increases brain energy availability and skeletal muscle performance as shown in vivo 31P-MRS in a patient with mito-chondrial cytopathy." *Journal of Neurology* 2423 (1995): 472–477.

Barclay, L. "Dietary omega-3 fatty acids may reduce risk of age-related macular degeneration." [article] *Medscape Medical News*, May 14,2003.

Barnes, P. J., and M. Karin, "Nuclear factor-KB-a pivotal transcription factor in chronic inflammatory diseases." *New England Journal of Medicine* 336 (1997): 1066–1071.

Barringer, T. A., et al. "Effect of a multivitamin and mineral supplement on infection and quality of life." *Annals of Internal Medicine* 138 (2003):

365–371.

Beecher, G. R. "Phytonutrients' role in metabolism: effects on resistance to degenerative processes." Nutrition Review 57(1999):S3-S6.

Beg, A. A., and D. Baltimore. "An essential role for NF-kappa B in preventing TNF-alpha-induced cell death." Science 274 (1996): 782–784.

Bianchi, L., et al. "Carotenoids reduce the chromosol damage induced by bleomycin in human cultured lymphocytes." *Anticancer Research* 13 (1993): 1007–1010.

Bliznakov, E. G. "Coenzyme Q_{10}, lipid-lowering drugs(statins) and cholesterol: a present day Pandora's box." J*AMA, the Journal of the American Medical Association* 5 (2000): 32–38.

Bliznakov, E. G., and D. J. Wilkins. "Biochemical and clinical consequences of inhibiting coenzyme Q_{10} biosynthesis by lipid-lowering HMG-CoA reductase inhibitors(statins): a critical overview." *Advances in Therapy* 15 (1998): 218–228.

Bonnesen, C.,I. M. Eggleston, and D. Hayes. Deitary indoles and isothiocyanates that are generated from cruciferous vegetables can both stimulate apoptosis and confer protection against DNA damage in human colon cell lines, *Cancer Research* 61 (2001): 6120–6130.

Borek, C., "Antioxidant health effects of aged galic extract." *Journal of Nutrition* 131 (2001): 1010S–1015S.

Borum, P. R. "Carnitine." *Annual Review of Nutrition* 3 (1983): 233–259.

Boyonoski, A. C., et al. "Niacin deficiency increases the sensitivity of rats to the short and long term effects of ethylnitrosourea treatment." Molecular and Cellular Biochemistry 193(1999): 83-87.

Boyonoski, A. C., et al. "Pharmacological intakes of niacin increase bone marrow poly (ADP-ribose) and the latendy of ethylnitrosourea-induced carcinogenesis in rats." *Journal of Nutrition* 132 (2002): 115–120.

Brandlow, H. L., et al. "Multifunctional aspects of the action of indole-3-carbinole as and antitumor agent." *Annals of the New York Academy of Sciences* 889 (1999): 204–213.

Broquist , H. L. "Carnitine." *Modern Nutrition in Health and Disease.* Shils, ed., 8thed. Philadelphia, PA: Lea & Febinger,1 994, 459–465.

Burge, B. "Mitochondria: the beleaguered powerhouse of the cell." *Healthline* (1999): 10–11

Cao, L. Z., and Z. B. Lin. "Regulatory effect of Ganoderma lucidum polysaccharides on cyto toxic T-lymphocytes induced by dendritic cells in vilor." *Acta Pharmacologica Sinica* 24 (2003): 312–326.

Ceda, G. P., et al. "Alpha-glycerylphosphorycholineadministration increases the GH responses to GHRH of young and elderly subjects." *Hormone and Metabolic Research* 24 (1991): 119–121.

Cerhan, J. R., et al. "Antioxidant micronutrients and risk of rheumatoid arthritis cohort of older women." *American Journal of Epidemiology* 157 (2003): 345–354.

Chambers, J. . C., et al. "Improved vascular endothelial function after oral B vitamins: an effect mediated through reduced concentrations of free plasma homocysteine." *Circulation* 102 (Nov 2000): 2479–2483.

Chandra, R. K. "Effect of vitamin and trace-element supplementation on immune responses and infection in elderly subjects." *Lancet* 340 (1992): 1124–1127.

Chen, D. Z., et al. "Indole-3-carbinol and diindolylmethane induce apoptosis of human cervical cancer cells and in murine HPV16- transgenic preneoplastic cervical epithelium." *Journal of Nutrition* 131 (2001): 3294–3302.

Chew, B. P., et al. "A comparison of the anticancer activities of betacarotene, canthaxanthin and astaxanthin in mice in vivo." *Anticancer Research* 19 (1999): 1849–1853.

Clarke, S. D., et al. "Fatty acid regulation of gene expression: its role in fuel partitioning and insulin resistance." Annals of the New York Academy of Sciences 827 (1997): 178–187.

Chopra. R. K., et al. "Relative bioavailability of coenzyme Q_{10} formulations in human subjects." *International Journal for Vitamin and Nutrition Research* 68 (1997): 109–113.

Giampapa, V., R. W. Pero, and M. Zimmerman. *The Anti-Aging Solution: 5 Simple Steps to Looking and Feeling Young.* Hoboken, NJ: Wiley, 2004.

Pero, R. W., V. Giampapa, and A. Vojdani. "Comparison of a broad spectrum anti-aging nutritional supplement with-and without the addition of a DNA repair enhancing Cat's Claw extract." *Journal of Anti-Aging Medicine* 5:4 (2002): 345–353.

제 7장. 맞춤 유전자 건강 프로그램 전 과정

Atherden, S. M. "Development and application of a direct radioimmunoassay for aldosterone in saliva." *Steroids* 46 (1985): 845–855.

Banne, A. F., Amiri, A., and R. W. Pero. "Reduced level of serum thiols in patients with a diagnosis of active disease." *Journal of Anti-Aging Medicine* 6:4 (Dec 2003): 327–334.

Barrett-Connor, E. "Bioavailable testosterone and depressed mood in older men: the Rancho Bernardo Study." *Journal of Clinical Endocrinology & Metabolism* 84 (1999): 573–577.

Baruchel, S and M. A. Wainberg. "The role of oxidative stress in disease progression in individuals infected by the human immunodeficiency virus." *Journal of Leucocyte Biology* 52 (1992): 111–114.

Beckman, K. B., and B. N. Ames. "The free radical theory of aging matures." *Physiological Reviews* 78 (1990): 547–581.

Blazejova, K., et al. "Sleep disorders and the 24-hour profile of melatonin and cortisol." Sb Lek (2000): 101347–101351.

Block, G., et al. "Factors associated with oxidative stress in human populations." American Journal of Epidemiology 156 (2002): 274–285.

Bohr, V., et al. "Oxidative DNA damage processing and changes with aging." *Toxicology Letters* 102–103 (1998): 47–52

Bolaji, I. I. "Sero-salivary progesterone correlation." *International Journal of Gynecology & Obstetrics* 45 (1994): 125–131.

Brenner, D. D., et al. "Biomarkers in styrene-exposed boat builders." *Mutation Research* 261 (1991): 225–236.

Cedard. L.,et al. "Progesterone andestradiolin Saliva after in vitro fertilization and embryo transfer." *Fertility and Sterility* 47 (1987): 278–283.

Cortopassi, G. A., and E. Wang. "There is substantial agreement among interspecies estimates of DNA repair activity." *Mechanisms of Aging and Development* 91: 3 (1996): 211–218.

Dabbs. J. M., et al. "Reliability of salivary testosterone measurements: a multicenter evaluation." *Clinical Chemistry* 41 (1995): 1581.

Dabbs. J. M., et al. "Salivary testosterone measurements: reliability across hours, days and weeks." *Physiology & Behavior* 48 (1990): 83–86.

Devaraj, S., et al. "Divergence between LDL oxidative susceptibility and urinary F2–isoprostanes as a measure of oxidative stress in type 2 diabets." *Clinical Chemistry* 47 (2001): 1974–1978.

Dworski, R., et al. "Assessment of oxidant stress in allergic asthma by measurement of the major urinary metabolite of F2-isoprostane, 15-F2t-IsoP(8-iso PGF2alpha)." *Clinical & Experimental Allergy* 31 (2001): 387–390.

Giubilei, F., et al. "Altered circadian cortisol secretion in Alzheimer's disease: Clinical and neuroradiological aspects." *Journal of Neuroscience Research* 66 (2001): 262–265.

Gotovtseva, L. P., and G. F. Korotko. "Salivary thyroid hormones in evaluation of the functional state of the hypophyseal-thyroid system." *Klinicheskaialaboratornaia diagnostika* 7 (2002) : 9–11.

Grossi, G., et al. "Associations between financial strain and the diurnal salivary cortisol secretion of long-term unemployed individuals." *Integrative Physiological and Behavioural Science* 36 2001: 205–219.

Grube, K. and A. Burkle. "Poly(ADP-ribose) polymerase activity in mononuclear leukocytes of 13 mammalian species correlates with species-specific life span." *Proceedings of the National Academy of Sciences* 89(1993): 11759–11763.

Ishikawa, M, et al. "The clinical usefulness of salivary progesterone measurement for the evaluation of the corpus luteum function." *Gynecologic and Obestetric Investigation* 53 (2002): 32–37.

Johnson, S. G., et al. "Direct assay for testosterone in saliva: relationship with a direct serum free testosterone assay." *Clinica Chimica Acta* 163 (1987) 309–318.

Klentrou, P., et al. "Effect of moderate exercise on salivary immunoglobulin A and infection risk in humans." *European Journal of Applied Physiology*

87 (2002): 153–158.

Laudat, M. H., at al. "Salivary cortisol measurement: a practical approach to assess pituitary-adrenal function." *Journal of Clinical Endocrinology & Metabolism* 66 (1988): 343–348.

Lawrence,, H. P., "Salivary markers of systemic disease: noninvasive diagnosis of disease and monitoring of general health." *Journal of the Canadian Dental Association* 68 (2002): 170–174.

Lemaire, I.,etal. "Stimulation of interleukin-1 and -6 production in alveolar macrophages by the neotropical liana, Uncaria tomentosa (Una de Gato)." *Journal of Ethnophrmacology* 64 (1999): 109–115.

Lewy, A. J. "The dim light melatonin onset, melatonin assays and biological rhythm researched in humans." *Biological signals and Receptors* 8 (1999): 79–83.

Lieber, M. R. "Pathological and physiological double-strand breaks: roles in cancer, aging, and the immune system. [Warner-Lambert/ Parke Davis Award Lecture] *American Journal of Pathology* 153 (1998): 1323–1332.

Lu, Y., et al. "Salivary estradiol and progesterone levels in conception and nonconception cycles in women: evaluation of a new assay for salivary estradiol." *Fertility and Sterility* 72 (1999): 951–952.

Mandel, I. D., et al. "The diagnostic uses of saliva." *Journal of Oral Pathology & Medicine* 19 (1990): 119–125.

Mayer, J., et al. "Biologic markers in ethylene oxide, exposed workers and controls." *Mutation Research* 248 (1991): 163–176.

Mejtek, V. A. "High and low emotion events influence emotional stress perceptions and are associated with salivary cortisol response change in a consecutive stress paradigm." *Psychoneuroendocrinology* 27 (2002): 337–352.

Miletic, I. D., et al. "SalivarytIgA secretion rate in young and elderly persons." *Physiology & Behavior* 60 (1996): 243–248.

Morgan, C. A ., et al. "Hormone profiles in humans experiencing military survival training." *Biological Psychiatry* 47 (2000): 891–901.

Nagetgaal, E., et al. "Correlation between concentrations of melatonin in saliva and serum in patients with delayed sleep phase syndrome."

Therapeutic Durg Monitoring 20 (1998): 181–183.

Obminski, Z., and R. Stupnicki. "Comparison of the testosterone-to-cortisol ratio values obtained from hormonal assays in saliva and serum." *Journal of Sports Medicine and Physical Fitness* 37 (1997): 50–55.

Obminski, Z., et al. "Effect of acceleration stress in salivary cortisol and plasma cortisol and testosterone levels in cadet pilots." *Journal of physiology and pharmacology* 48 (1997): 193–200.

Park, S. J., and H. Tokura, "Bright light exposure during the daytime affects circadian rhythms of urinary melatonin and salivary immunoglobulin A." *Chronobiology International* 16 (1999): 359–371.

Pearson, T. A., et al. "Markers of inflammation and cardiovascular disease application to clinical and public health practice: a statement for healthcare professionals from the Centers for Disease Control and Prevention and the American Heart Association." *Circulation* 107 (2003): 499–511.

Pero, R. W., and V. Giampapa. "Oxidative stress and its effects on immunity and apoptosis-DNA repair as a primary molecular target for antiaging therapies." (2001 position paper, unpublished).

| 지은이 | **빈센트 C. 지암파파 Vincent C. Giampapa**

의학박사, 미국외과의사 협회 정회원

세계적으로 최초 공인된 항-노화 의사 중 한사람.
미국, 뉴저지 의과 및 치과대학 임상 조교수(UMDNJ)
미국 항노화의학회 A4M, The American Academy of Anti-Aging Medicine 공동설립자
항노화의학회 미국위원회 The American Board of Anti-Aging Medicine 초대회장역임
NASA 고문역임
항노화 관련 대표저서:
The Anti-Aging Solution
4 Simple Steps to Looking and Feeling Young (Wiley)
의학 저널에 다수 논문 발표

| 지은이 | **프레드릭 F. 부첼 Frederick F. Buechel**

의학박사, 미국정형외과의사 협회, 미국외과의사 협회 정회원

정형외과 의사, 항노화전문의
미국, 뉴저지 의과 및 치과대학 임상조교수 (UMDNJ)
관절대체수술 분야 개발자

| 지은이 | **오한 케라토프랙 Ohan Karatoprak**

의학박사, 미국 가정의협회 정회원

가정의학-노인병학 전문의, 항노화전문의
뉴저지 의과 및 치과대학 임상조교수(UMDNJ)
뉴저지 홀리네임 병원 비만클리닉 과장

| 옮긴이 | **정명일**

건세바이오텍 (주) 대표, Rutgers University, Ph. D.

| 옮긴이 | **이기호**

포천중문의대 강남차병원 가정의학과 교수

| 옮긴이 | **박혜순**

울산의대 서울아산병원 가정의학과 교수

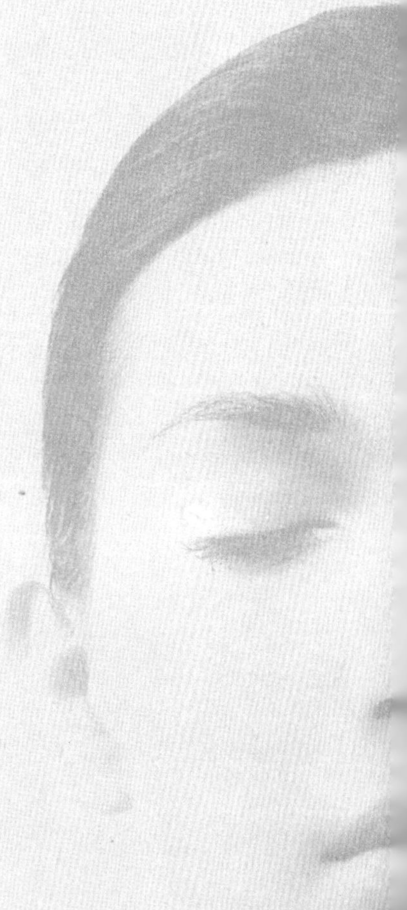

THE GENE MAKEOVER

유전자 변신

1판 1쇄 찍음 • 2009년 10월 1일
1판 1쇄 펴냄 • 2009년 10월 10일

지은이 • 빈센트 지암파파 외
옮긴이 • 정 명 일 외
발행인 • 정 현 걸
발 행 • 신 아 사
인 쇄 • 성실인쇄

출판등록 • 1956년 1월 5일 (제9-52호)
서울특별시 은평구 녹번동 28-36 2F
전화 02.382.6411 • 팩스 02.382.6401
홈페이지 • www.shinasa.co.kr
이메일 • shinasa@chol.com

ISBN 978-89-8396-649-0

정가 *15,000* 원